U0303520

[美] 戴夫·特朗伯（Dave Trumbore）
[美] 唐娜·J.纳尔逊（Donna J. Nelson）（《绝命毒师》科学顾问） 著
单雯 柯遵科 译

《绝命毒师》中的科学

The Science of Breaking Bad

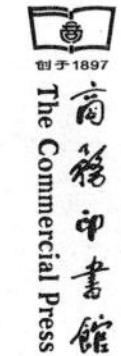

THE SCIENCE OF *BREAKING BAD*

By Dave Trumbore and Donna J. Nelson

Chinese Simplified Translation arranged
through Bardon-Chinese Media Agency

献给 Mo，感谢一切。

——So（戴夫）

献给热爱《绝命毒师》并使之成为有史以来最伟大的电视连续剧的“扶手椅”科学家们。

——唐娜·J. 纳尔逊博士

这个故事讲述的是，有个人从《万世师表》中平凡的好老师奇普斯先生，变成了《疤面煞星》中的大毒枭。

——文斯·吉利根（Vince Gilligan）

目　录

前　言　/ 1

致　谢　/ 3

第一章　初见老白　/ 5

　　副反应 #1：晶体学和同步加速器　/ 16

化学 I　/ 19

第二章　化学形式的片头字幕　/ 21

　　副反应 #2：人体化学成分　/ 28

第三章　玩火　/ 30

第四章　一种气体（膦）　/ 41

　　副反应 #3：碳，及其别称　/ 49

物　理 / 51

第五章　自制电池 / 53

副反应 #4：绝命气球 / 64

第六章　万能的磁力 / 66

副反应 #5：僵尸电脑 / 77

第七章　酝酿麻烦 / 79

扩展信息 #6：玛丽，它们是矿石啊！ / 96

化学 II / 99

第八章　爆炸物：雷酸汞和轮椅炸弹 / 101

副反应 #7：与古斯·福林的会面 / 115

第九章　烟火制造术 / 117

副反应 #8：沃尔特·怀特紧张的神经 / 126

第十章　腐蚀剂：氢氟酸 / 128

生　物 / 139

第十一章　精神病学：神游状态、惊恐发作和创伤后应激障碍 / 141

副反应 #9：沃尔特口吐真言 / 156

第十二章　儿科：脑瘫 / 157

副反应 #10：沃尔特·怀特的遗传病史 / 164

副反应 #11：霍莉 · 怀特 / 166
第十三章　肿瘤：癌症和治疗 / 168
副反应 #12：沃尔特的获奖经历 / 180
第十四章　毒理学：蓖麻毒素、铃兰，和氰化物？ / 182
第十五章　药理学：药物、成瘾和过量 / 195

化学Ⅲ / 207

第十六章　甲胺：稀释大法 / 209
第十七章　分析一下吧！ / 217
副反应 #13：玻璃器皿 / 227
第十八章　制毒实验室 / 230
副反应 #14：牧歌食品的定性分析 / 268
第十九章　大结局 / 告别曲 / 271

名词解释 / 278
注　释 / 282
索　引 / 302

前　言

《绝命毒师》的主题不是冰毒，而是贪婪，是关于一个卑微的化学老师因为贪婪逐渐蜕变成无情大毒枭的故事。仅仅通过追剧，没有人能学会如何制造甲基苯丙胺（俗称冰毒）。观众倒是会略微了解到人性、获得掌控的艰辛之路，以及绝对权力的破坏力量。

是的，我在一句话里两次用到了"power"，既有权力也有力量的意思，虽然我不过是个化学家。唐娜·J. 纳尔逊（Donna J. Nelson）博士也是化学家，她是俄克拉何马大学（University of Oklahoma）的化学教授、美国化学学会前会长。她帮助剧组呈现了有点小错但足以吸引人的冰毒合成过程。没错，部分读者可能已经认识到，《绝命毒师》并不是一本"制毒"指南。由天才科普作家戴夫·特朗伯与纳尔逊博士合著的《〈绝命毒师〉中的科学》也不是。

两位作者带领我们重温了本剧五季中与科学相关的高光时刻。书中涉及很多化学知识，既有简单的术语讲解（101/ 入门级），也有进阶内容。读者还可读到附加内容，如剧中逸事和"副反应"（side RxN），也就是从各种情节中提取的有价值的科学观察。

即使是追剧上头的观众也会发现一些有趣的东西。以原版的片头字幕为例，许多人已经注意到，35 和 56 分别是溴（Br）和钡（Ba）的原子序数，神秘的 $C_{10}H_{15}N$ 代表甲基苯丙胺的化学分子式。但数字 149.24 的含义是什么呢？不妨猜一猜：a）甲基苯丙胺的分子量；b）波格丹洗车所用的水温；c）布莱恩·克兰斯顿（Bryan Cranston）在节目最后的体重。没错，正确答案是 a。

这本书不是单单在讲科学。纳尔逊博士分享了她作为《绝命毒师》的科学顾问，从与制作团队取得联系到为编剧提供建议的整个过程。我和她都很欣赏文斯·吉利根，他可以说创造了电视史上最好剧集之一。对我来说，这种欣赏始于阿尔伯克基午后的一次关键会面，有幸与文斯长谈，令我大开眼界。多么美妙的一段旅程啊！我获益匪浅，还得一良友。即使在今天，当洗车店老板波格丹走在芝加哥的街道上时，人们也会拦住他聊天或拍照。有些人知道这个眉毛浓密的家伙生活中是一名科学家，是他演活了剧本角色；有些人不知道，也并不在乎。

在此先提出警告：在黑化之前，请仔细阅读本书，弄清红磷和白磷的区别。当然，你也可以联系我。毕竟，我有化学博士学位。

“这就是化学啊！妙不可言！”

马吕斯·史丹博士（Dr. Marius S*Ta*N*）

* Ta 为元素周期表中的 73 号元素钽元素。此处有意将人名中的“ta”用斜体标示出来，是效仿《绝命毒师》片头字幕的做法。——本书脚注无特殊说明，均为编者注。

致 谢

《〈绝命毒师〉中的科学》一书始于2013年秋天在Collider.com网站上发表的一篇流行文化类的文章，直到今天形成了您手中的这本书。感谢Collider的编辑团队为我争取到发表原创科普作品的空间，多年来不断增加文章内容的规模、范围、广度和深度。感谢麻省理工学院出版社策划编辑杰米·马修斯给我出版此书的机会。还要感谢唐娜·J. 纳尔逊博士，毋庸置疑，如果没有她担任科学顾问，《绝命毒师》本身达不到这样的科学深度；如果没有她参与合著，这本书也根本不可能完成。

我由衷感谢艾莉森·基恩，她的爱、耐心和支持让我得以完成这本书的创作。非常感激文字编辑朱莉亚·柯林斯和麻省理工出版社的编辑团队，包括策划助理加布里埃尔·布埃诺·吉布斯，助理编辑弗吉尼亚·克罗斯曼，设计主管井口康世，高级公关传播经理杰西卡·佩林，他们的专业表现保证了本书的完美问世。

——戴夫·特朗伯

我要感谢文斯·吉利根和其他制片人以及《绝命毒师》的编剧、演员团队和工作人员，是他们让我作为科学顾问的经历变得如此妙趣横生。同时，我还感谢戴夫·特朗伯为这本书所做的贡献，很荣幸与他合作。最后感谢整个麻省理工学院出版社全体工作人员的耐心和出色的工作。

——唐娜·J. 纳尔逊

第一章　初见老白

图 1.1　唐娜・J. 纳尔逊博士在伯班克的“绝命毒师”办公室
图片由克莉丝・布拉默（Chris Brammer）提供

唐娜·J. 纳尔逊博士

我和《绝命毒师》初识，源于美国化学学会周刊《化学与工程新闻》（2008年3月3日，第32—33页）的一篇文章：《〈绝命毒师〉：以制毒化学家为主角的新剧》（“*Breaking Bad*: Novel TV Show Features Chemist Making Crystal Meth”）。文中记载了《绝命毒师》的制片人文斯·吉利根在第一季播出时接受的采访。我的目光被配图吸引了：照片中，主角沃尔特·怀特站在沙漠中，只穿着内裤、鞋袜，系着一条实验室围裙——这并不是常见的实验室服装。我仔细阅读了这篇文章，注意到文斯的一句话：“我们欢迎爱好化学的观众提出建设性意见。”这是我们盼望已久的机会。从科学界到美国国会，各个相关团体一直在讨论如何与黄金时段的电视剧合作传播科学，以增加公众对科学的兴趣。但如何实施一直是个难题，现在一个好莱坞制片人递出了橄榄枝。

但我还是犹豫了，因为这部剧涉及违禁药物。我担心参与进去会有损我的学术声誉；众所周知，为了从行为上给学生树立积极的榜样，我一向很小心，坚决杜绝与任何非法勾当有联系。所以我一开始拒绝了制作人的邀请。

错失良机让我悔恨不已，这种机会可能再也不会有了。我决定验证一下，说不定剧中会以正面视角来讲违禁药物，这样我就不会遗憾了。当时这部剧只拍了五集，我逐一看完了，发现所有非法行为最后都会受到惩罚。从根本上讲，这部剧在道德层面是正确的。于是，我对这部剧的接受度大大提高，足以使我毫无顾虑地提供帮助。

然而，我仍有更多的担忧。我知道，有时人们只看表面就发表评论，根本无意深入了解。另外，我并没有文斯的联系方式。

于是，我联系了撰写《化学与工程新闻》那篇报道的记者，问她文斯是否真有此心。对方无法给出确定的回复；她也未曾想过文斯这番话是科学界影响好莱坞并向公众传达信息的契机。但我知道她有文斯的联系方式，就问她是否愿意转告文斯，我毛遂自荐做科学顾问。《化学与工程新闻》的文章提过《绝命毒师》没有资金聘请科学顾问，所以我知道我没有薪酬。重要的是，这是一次服务科学界的绝佳机会。

记者答应帮我联系。大约一周后，我在办公室接到电话，对方自称"绝命毒师"剧组代表，问我是否真心诚意帮助他们。我说"是的"，她又问我能否去加州的伯班克。我知道他们没有资金支付我的旅费，所以我的回答将对日后的合作至关重要。因此，即使我并未去过伯班克，我仍回答："我经常去。"她说："太好了，下次你来时，过来跟我们见一面吧。"就这样，合作开始了。

> 我叫沃尔特·哈特维尔·怀特，住在新墨西哥州阿尔伯克基内格拉阿罗约巷308号，邮编87104。我要告诉所有的执法机构，这不是一段认罪声明，而是我对家人说的话。
>
> ——沃尔特·怀特，《绝命毒师》第一季第一集《试播集》

2008年1月20日，美国经典电影有线电视台AMC用以下方式推介其最新的剧集：

在美国西南部荒凉的沙漠中，一条系着腰带的卡其色裤子从空中飘过，落在尘土飞扬的路上。一辆房车碾了过去。司机是位中年白人男性，只戴着结婚戒指，身穿内裤，头戴防毒面罩。副驾上的乘客戴着口罩，昏倒在前座。在房车的主隔间里，两具尸体在光滑的地板上来回滑动，实验室的玻璃器皿在周围碎裂。房车撞车了，主人公跌跌撞撞地走了出来。他镇定下来，录了一段视频给他的家人。在这场不幸的事件中，他没能安全到家。现在观众已经知道了，这名男子就是沃尔特·怀特。当警笛声逼近时，他将枪对准了眼前的道路。随后，镜头切回片名。

当时，有约百万观众收看了这段视频介绍。所有人都在想：沃尔特·怀特是谁？那不是《马尔柯姆的一家》（*Malcolm in the Middle*）里的那个人吗？他穿着内裤站在沙漠里干什么？这到底是什么剧情？

《绝命毒师》是文斯·吉利根的创意之作，他在热门科幻剧《X 档案》（*the X-Files*）中担任制片人、编剧和导演，两次获艾美奖提名，还创作过三部故事片剧本。他对“绝命毒师”的设想，是基于当时在网络甚至有线电视上都很少看到的叙事方式。吉利根想“把奇普斯先生变成疤面煞星”，而不是创造一个年复一年在每季的故事中都有着一成不变的道德和哲学的讨人喜欢的主角。在吉利根的设想中，这个人将会偏离正常生活轨道，他是一个会“变坏”，走上犯罪道路，尤其是非法制毒之路的人。

试播集里穿着内裤的那个男人，就是布莱恩·克兰斯顿。他很快就会脱离早期在《马尔柯姆的一家》中扮演的不成熟的父亲哈尔·威尔克森的形象。在新墨西哥州的荒漠中，沃尔特·怀特，一个温文尔雅的高中化学教师，将一步步蜕变成臭名昭著的大毒枭海森堡。但在现实中，吉利根和克兰斯顿都既不是科学家，更不是化学家，也不是编剧。那么，他们究竟是如何以令人信服的方式完成如此雄心勃勃的故事呢？

由编剧凯利·迪克森（Kelley Dixon）和制片人文斯·吉利根主持的《〈绝命毒师〉内幕》（*Breaking Bad Insider*）播客首映集中，吉利根强调了正确掌握科学知识的重要性：

> 我不是化学家，中学也没上过化学课。我倒是希望上过课，但如果是那样，我现在也不会那么喜欢化学。数学和科学的美妙之处

在于答案都有对错，而生活中其他的部分，众所周知，都处在灰色地带。

事实上，我的编剧团队里没有一个人是化学家。他们也不比我更懂化学。我们有凯特·鲍尔斯，有詹妮弗·哈金森，一位很棒的研究员；还有俄克拉何马大学的唐娜·J. 纳尔逊博士，她提供了很多帮助。我们有美国缉毒局（DEA）的化学家，他刚好休假，到片场来探访……他们没有指导我们制造冰毒的方法，但是会指出我们在技术上的错误，因为我们希望科学内容是合理的。[1]

吉利根致力于将真实的科学植入《绝命毒师》中，这是值得称赞的，也是让本剧脱颖而出的明智又有创意的决定。随着节目的受欢迎程度和收视率逐年攀升，观众被精通科学的沃尔特吸引，开始好奇更多关于爆炸实验和冰毒制造的阴谋诡计。因此，除了大量的剧情回顾和影评在娱乐新闻网站、杂志、播客上涌现，对剧中科学内容的报道也层出不穷。2013 年，我在 Collider.com 网站上发表了一篇文章，题为《〈绝命毒师〉中的科学》。可能你已经猜到了，这篇文章最终促成了眼下这本书，在此我们将更深入地去探索剧中对科学概念的出色把握。

《绝命毒师》提到了非法制毒、恶意使用炸药，还有令人毛骨悚然的销毁“证据”的方法，这类电视剧在描述真实科学的过程中面临的唯一挑战，就是可能会让居心不良者误以为，仅凭追剧就能获得足够多的信息，从而成为下一个海森堡。毋庸置疑，法律凌驾于虚构的可能性和科学的实用性之上，诚请阅读以下免责声明：

本书中任何信息都不得用于非法、违法或不理智行为。

吉利根和创作团队已经指出追剧不会让观众走得太远。正如吉利根所说：

> 我不希望人们看完这部剧学会如何制造冰毒。我们从没想过让《绝命毒师》成为教观众制造蓖麻毒素或者冰毒之类东西的剧集。这仅仅是一个好人蜕变成坏人的故事。[2]

《绝命毒师》是一部以真实的科学为基础的虚构剧集，剧本严谨，把控严格，制作过程中采用了所有必要的法律和安全防范措施。观众只会看到作品迷人的一面，而不会注意拍摄技巧和后期制作使用的特效。《绝命毒师》和《〈绝命毒师〉中的科学》都不是操作指南。本书是为了更深入地向剧迷呈现全片涉及的科学知识，逐一剖析剧中科学内容与现实情况的距离，从中可见剧组团队为此付出的努力。

编剧团队聘请了珍·卡罗尔、凯特·鲍尔斯、戈登·史密斯和詹妮弗·哈金森等研究人员来审核剧中的科学细节。编剧们还与多位专家进行了交流，包括美国缉毒局特工、缉毒局高级化学家维克多·布拉维内克（Victor Bravenec，给沃尔特切除肺肿瘤的胸外科医生借用了他的名字），放射肿瘤学家迪恩·马斯特拉斯（Dean Mastras，编剧兼导演乔治·马斯特拉斯的弟弟），“匿名戒麻醉品者协会”发言人，阿尔伯克基警察局、新墨西哥州警察局的警官和他们的缉毒犬，美国 AMC 高管布莱恩·博克拉特（他持有电气工程学位），以及一名出版过相关主题图书的退休货运铁路危险物品安全专家。剧中洗车场的老板波格丹·沃利涅茨，也由具有计算物理学家和化学家双重身份的马吕斯·史丹出演，他是阿贡国家实验室的高级研究员，曾任职于洛斯阿拉莫斯国家实验室。

当然，《绝命毒师》的长期科学顾问——本书合著者——唐娜·J. 纳尔逊博士为本剧的科学基础立下了汗马功劳。正如前言中提到的，2008 年第一季播出后她读到《化学与工程新闻》杂志对吉利根和克兰斯顿的专访[3]，便自荐进组。吉利根在这篇文章中呼吁科学家，尤其是化学家，来为剧集提供专业指导；只有纳尔逊博士响应了号召。

事实证明，纳尔逊博士干得太棒了！她大力协助剧组创意团队解决了有机化学和甲基苯丙胺合成方面的问题（同时采取适当的预防措施避免本剧成为操作指南），甚至在货运列车油罐车的规模上，就稀释问题核算了数据。纳尔逊博士专攻有机化学，是俄克拉何马大学的化学教授、古根海姆研究员（Guggenheim Fellow）和富布赖特学者（Fulbright Scholar），并于 2016 年担任美国化学学会主席。在此，我很荣幸（老实说也很宽慰）地告诉大家，她已经核实了本书涉及的科学事实，并且以剧组成员的身份，慷慨地分享了内部信息和她的个人体验；她的逸事在这本书中贯穿始终。

虽然《〈绝命毒师〉中的科学》目标读者是对科学有好奇心或

热情的剧迷，但我也不想把可能从未看过剧但又心生好奇的科学爱好者排除在外。所以，请允许我向您介绍沃尔特·怀特，此人又名海森堡。

对于《绝命毒师》以及剧中人格两极分化的男主角，最佳的介绍依然是试播集中的场景，但整部剧中有很多片段既是科学课，也是对沃尔特·怀特双重性格的巧妙展示。其中不乏活灵活现的呈现，比如沃尔特各种百战天龙般的装置——自行组装电池、自制炸药、制作冰毒，不过也有一些更为隐秘的。比如第一季第二集《保守秘密》（Cat's in the Bag）中，沃尔特在高中化学课上讲"手性"（chirality）。

正如沃尔特在课上说的，"chiral"一词来源于希腊语的"手"，可以通过比较左右手的形状来直观地理解：它们是相同然而相反的、不可重叠的，本质上互为镜像。这种特性的存在可以一直追溯到物质的分子层面。剧中，沃尔特有一段非常生动的讲述："尽管二者看起来一样，但它们的行为并不总是相同的。"这句话表面看来并不明显，却恰如其分地描述了沃尔特·怀特和他的另一个自我——海森堡。这是伪装成科学课的某种巧妙铺垫。在这一点看，《绝命毒师》实属上乘之作。

但授课内容还不止于此。沃尔特继而举了一个悲剧性的例子：沙利度胺（thalidomide），20世纪中期用于预防孕妇晨吐的药品。这种物质具有独特的分子结构，它是"右旋"的，对人体绝对安全；

然而，如果服用左旋结构的同分异构体，就会导致胎儿严重的先天缺陷。20 世纪 50 年代和 60 年代，这种物质影响了 46 个国家约 1 万名儿童。这一丑闻最终推动美国食品及药物管理局（FDA）等机构加强监管，要求论证未来上市药品的疗效，并披露副作用。这堂课鲜明地阐述了手性的本质，也像一股暗流贯穿了全剧的黑暗叙事，隐喻无害的沃尔特·怀特和致命的海森堡的双面性：二者看似毫无差别，但行为方式有天壤之别。

即使追完了全剧，你可能还会好奇为什么沃尔特选择“海森堡”这个化名。“海森堡”是一个完美的别名，更绝妙的是，你会发现这个名字源自 20 世纪德国理论物理学家和量子力学的先驱沃纳·海森堡（Werner Heisenberg），1932 年海森堡荣获诺贝尔物理学奖时年仅 31 岁。海森堡对原子核、亚原子粒子、核反应堆和核武器等相关理论的贡献无疑是卓越的，都值得单独研究，但他最出名的是“海森堡不确定性原理”。

量子力学中的测不准关系，意味着你越接近于测量粒子的真实位置，你就越不确定它的动量，反之亦然。这在科学界已然是棘手难题，但在“绝命毒师”的世界里，这绝对是危险的。沃尔特·怀特在早期选择这个特殊名字时，部分是因为这名字听起来像个坏蛋（特别是搭配墨镜和类似黑帮帽的“猪肉馅饼帽”），但更多是因为其内涵：你可能认为你已经搞定海森堡了，但这时他会用意想不到的方式来发动突袭……有时还是致命的。

更重要的，编剧选择海森堡这个名字是出于对戏剧性和科学价值的双重考量（也有更惊悚的一面，因为这位科学家在 1976 年去世前也曾与癌症做斗争）。演员和工作人员煞费苦心地按照现实中的化学家、物理学家和工程师来打造剧中人物。这是本剧众多令人印象深刻的特征之一，也是本书的灵感来源。

在接下来的章节，我将详细列举五季中出现的科学内容，先简单介绍（见每章的“101/ 入门级”），再稍微深入分析（见每章的“进阶级”，并参考本书附录的名词解释）。本书将涵盖《绝命毒师》中描述的化学、生物和物理，还将深入每个研究领域的分支，比如冰毒制造、毒理学和电磁学。

本书的设置是这样的：你可以从头读到尾，或者跳转到你最感兴趣的部分（尽管关于化学的连续三个章节是层层递进的）。在整本书中，你还会发现《〈绝命毒师〉内幕》提到的一些琐事，窥见好莱坞是如何处理剧中试图描绘的真实科学。《绝命毒师》幕后群英荟萃，他们将才华发挥到极致，保证科学的正确性，不单如此，还要以一种安全且现实可行的方式呈现在镜头前。如果不提醒大家注意这些，那我就太不称职了。

你还会读到 15 条扩展信息——我更喜欢称之为“副反应”（side reaction），这些都是剧中值得一提的科学现象，但并不构成一个独立章节。你可以视之为从剧中科学拆出的一小块，小坐片刻就可轻松消受。话题范围极广，从人体化学组成，到“僵尸”电脑，再到气球被电线缠住时的现象。换言之，这部分是额外加餐。不过不要把我的话当真，先自己判断一下：

副反应 #1：晶体学和同步加速器

在接受癌症、冰毒和关于海森堡的身份假定之前，沃尔特·怀特拥有另一段人生。他和研究生院的伙伴埃利奥特·施瓦茨是灰质技术公司（Gray Matter Technologies）的联合创始人。（“施瓦茨”在德语中是“黑”的意思；黑 + 白 = 灰。）沃尔特以 5000 美元的价格出售自己的股份，却眼睁睁地看着这家公司的估值达到了 21.6 亿美元。这让沃尔特从试播集到大结局都无法释怀，从后悔到怨恨，再到愤愤不平。在《灰质公司》这一集里，怀特夫妇去施瓦茨家的豪宅参加宴会，揭示了他们生活方式的巨大差异。

在那里，以前研究生院一位名叫法利的同学将沃尔特介绍给其他宾客，称他当年是加州理工学院的“晶体学大师”。晶体学家的工作是通过 X 射线、中子衍射和电子衍射来确定结晶固体（如蛋白质）中原子的排列。这个过程可以想象成在黑暗中用手电筒的光束照射一个物体，以看清楚它到底是什么；思路是一致的，只是晶体反映在分子尺度上。

法利回忆说，当时加州理工学院的研究人员遇到一个“蛋白质难题”，是沃尔特想出解决方案：“同步加速器”。正如沃尔特在这一集中向大家解释的那样，“它们产生的图案比 X 射线更纯净、更完整，数据收集也只需要很少的时间”。同步加速器是一种粒子加速器，一束带电粒子通过一个由电磁体控制和聚焦的闭环；当束流加速时，磁场与束流“同步”。(欧洲核子研究中心的大型强子对撞机是世界上最大的同步加速器。)同步辐射是在加速过程中发出的，极其稳定、强度极高，而且是被极化的——或被聚焦的——相比较弱的X射线源，它可以用更短的时间来收集数据。沃尔特说对了。尽管他本人没有获奖，但大家对这位为诺贝尔化学奖做出贡献的人期望颇高。这种不公正感不仅是沃尔特对前合伙人怀恨在心的另一个理由，也把他推向了变成海森堡的道路。

化学 I

想必你已经猜到，本书会有很多关于化学的讨论。确实不少。这是沃尔特职业生涯的基础，无论是他在灰质技术公司的日子，还是当高中化学老师的岁月，或是对他的毒品帝国生意而言。剧中有一个与叙事平行的基础科学：正如分子转变、元素衰变、原子化学键断裂、电子驱动反应，沃尔特·怀特也在发生同样的变化：他的另一个自我海森堡慢慢地取代并成为他的默认人格，或者说“基态”（这是原子最低能态的另一个表述。你瞧，我们已经进入化学领域了！）。

如果你从未上过化学课，不要烦恼，我们将从零开始一点点地讨论。如果你是一名有多年实验室工作经验且已发表大量论文的成功的化学家，我认为你会在接下来的章节中发现一些有价值的东西，因为在剧中化学无处不在。

在关于化学的第一章中，我将重温《绝命毒师》著名的片头，它巧妙地使用了高辨识度的元素周期表来介绍片名、演员和工作人员。（除了元素符号和如今已经具有标志性的配色方案，这部分还包含很多内容。）在第二章中，我们来“玩火”（playing with fire）。当然不是字面上的意思——我们把玩火的工作留给专业人士。不过沃尔特在化学课上演示彩色火焰，生动演绎了如何激发电子并上演一场火焰秀。我们将在第三章开启冒险之旅，这是我们真正开始“绝命”的地方。我要考察一下沃尔特致命的磷化氢混合物，看看这种蒸气到底有多可怕。

第二章　化学形式的片头字幕

唐娜·J. 纳尔逊博士

此次阿尔伯克基之旅非常愉快。值得一提的是，《绝命毒师》原计划在加州的河滨市拍摄，但新墨西哥州承诺电影制作公司享受25%的退税，拍摄地最终搬到了阿尔伯克基。我第一次去阿尔伯克基片场时，《绝命毒师》制片人文斯·吉利根提了一个关于片头字幕化学符号的问题，这对这部剧来说很重要。

制作团队想在片头中使用符号为D的化学元素，但别人告诉他并没有这样的元素。文斯向我求证此事，我给予了同样的答复。不过，他若执意想发挥创意，大可使用氘（氢的一种同位素）的符号。我也提了氢的另一种同位素氚（T），也可以使用在片头中。文斯说他会记下这个信息，以供后面参考。我早就听说文斯是个科学迷，他自学了大量的科学知识，对科学实验尤其着迷。拍戏时，他会向扮演沃尔特的布莱恩·克兰斯顿演示实验，布莱恩则需要在镜头前再现实验过程。

我第一次看这部剧时，觉得人体的元素组成那部分可能不太清楚。因为这些数据可以用多种形式呈现，所以你得清楚它们适用的范围。人体细胞元素组成的数据是有的，但第二集提到的是人体的元素组成，两者并不是一回事。另外，第二集中的数据是用摩尔或原子数的平均值来表示每种元素，而通常情况下是用质量百分比来表示，这跟第二集里讲的会有很大差异，因为元素相互间原子质量相差很大。

101/ 入门级

严格来说，化学是关于物质的研究。我个人更倾向于认为它是关于“变化”的研究。

——沃尔特·怀特，第一季第一集《试播集》

《绝命毒师》片头字幕极具特色，充斥着各种化学元素，制作团队在每集开头都不失时机地提醒观众化学无处不在。如果你不明白演职人员名字中那些加粗美化的字母是什么意思，或搞不懂标绿的数字代表什么，那就一起来探索《绝命毒师》里隐藏的科学知识吧！

片头字幕里隐藏着诸多令人意想不到的秘密。在烟雾缭绕的绿色背景中，“冰毒”这个词闪现又随即消失。考虑到整个故事情节都围绕非法毒品展开，这种设计是不言自明的。然而，更隐晦的是数字 149.24 或化学式 $C_{10}H_{15}N$ 背后的含义。

趣闻实情：二者都代表冰毒，只是表达形式不同。149.24 是甲基苯丙胺的分子量；$C_{10}H_{15}N$ 则是冰毒的化学式，表明它由相对常见的碳（C）、氢（H）和氮（N）元素组成。

片头还出现了一些不常见的元素，最显眼的当然是 Br 和 Ba，它们分别代表《绝命毒师》（*Breaking Bad*）片名中的两个词，也是化学元素溴（Br）和钡（Ba）。片头字幕中还出现了很多其他元素符号，比如碳（C）、钒（V）、铬（Cr）。这些都是根据元素周期表中的常见符号设计的，但相似之处还不止于此。眼尖的观众会发现在 Br 和 Ba 符号周围有许多数字，这些数字揭示了很多关于元素本身的信息，在此不做赘述。原子序数、相对原子质量和氧化态在《绝命毒师》的片头字幕中做到了一定程度的如实呈现；唯一的小错误出现在开头元素的电子构型，在后来几季中也校正了。至此，你应该大致了解《绝命毒师》疯狂的片头字幕了，想深入了解这背后的意义，请继续读下去。

进阶级

元素周期表形式简单，但信息丰富，有助于初学者理解元素和原子的性质。1869年，俄罗斯化学家门捷列夫首次发表元素周期表。在过去的150多年里，元素周期表已经涵盖了118种元素，这些元素要么是自然界中存在的，要么是在实验室或核反应堆中合成的。科学家们还在不断研究探索合成原子序数更高的元素。[1]

那么，“原子序数”到底是什么呢？它是给定元素的原子核中的质子数。这就是为什么氢的原子序数为1，它只有一个质子，而最新合成的氭（oganesson）有118个质子，因此原子序数为118，二者分别是元素周期表中序数最低和最高的。由于质子是带正电荷的亚原子粒子，原子序数也代表给定原子核的电荷，该原子核只包含质子和电中性的中子。在一个不带电的原子中，原子序数也与电子云中的电子数相同；由于电子是带负电荷的，相同数量的质子和电子会相互抵消。

借这个机会，我们可以简略讨论一下电子、它们在原子内的运作以及与其他原子的关系。这些概念是所有化学反应和相互作用的核心，也是本书后续章节中所有化学讨论的基础。我常常把电子比作原子世界的货币。如果原子是个女商人，她生活的唯一目标就是让手里的钱实现利润最大化，为了达到这个目的，电子成了她用于交易的货币；原子核周围的电子云可视为她的银行账户。虽然允许财务上现出一点波动，但首先要考虑的是保证银行账户的稳定。

账户几近亏空的女商人会急于赚更多的钱，而另一些手头富足的人更愿意花掉一部分钱。同理，拥有的电子太少，原子会吸收电子，拥有的太多，则相应地释放部分电子。给定原子的电子云由能级或壳层组成，最低的能级存在于离原子核最近的地方。这些壳层被进一步分解成原子轨道，原子轨道是原子核周围的空间区域，根据数学方程的界定，电子或电子对有 90% 的可能出现在这些区域。我们可以把这些壳层和轨道视为一个大银行账户中的子账户和分区。

下面我们来聊聊原子稳定性。无论是氢和它的单个电子，还是氮和它的 118 个电子，代表每个元素原子最稳定的同位素或变体的都是原子序数。在极端情况下，原子会发生激烈反应，以尽快释放或接收电子，这一点我们先记在脑子里，因为回头要讨论爆炸……

与片名 Breaking Bad 直接相关的原子序数是 35（溴）和 56（钡），但这两个元素与剧情关系不大，仅仅是一种巧妙的噱头。在这部剧获奖并将拍摄长达 62 集之前，制作团队已投入大量精力，在片名序列中如实重现了元素周期表。事实上，他们向观众展示的元素不仅包含正确的原子序数，还恰如其分地展示了相对原子质量和氧化态。制作方甚至成功地展示元素的电子结构，虽然也有一些无伤大雅的小错误；后面我们会详细讲解。

测量元素原子的相对质量看似容易，但就像周期表上的大多数数值一样，它只是对一些复杂内容的简化处理。相对质量是给定样品中某元素原子的平均质量与统一原子质量单位（符号为 u）的比值，u 被定义为一个碳-12 原子基态质量的十二分之一。[2] 由于一个原子的大部分质量存在于质子和中子中，而同一种元素的中子数可能存在差异（例如同位素），给定元素的原子质量也会有不同。这就是为什么要用原子质量的平均值来计算相对原子质量。对于溴，这个值是 79.904，而对于钡，这个值是 137.327，这两个值都出现在片头字幕中。对不熟悉化学研究和工业领域的外行来说，这是一个相当模糊的衡量标准，但对于《绝命毒师》创意团队而言，这不失为点睛之笔。

《绝命毒师》片名中的另一个宅男细节是元素氧化态。元素的氧化值也称为氧化数，表示给定原子的氧化程度或电子的损失程度，在平衡化学反应时很重要。这个值由特定规则控制，从概念上讲，它体现了原子在给定条件下可携带的电荷。元素可能有多个氧化值，既代表正电荷也代表负电荷，这取决于原子是接受电子还是释放电子，周期表中常常仅列出最常见的状态。《绝命毒师》选择了这种节省空间的方法，譬如，溴只列出 +1、−1 和 +5，钡只列出 +2。

《绝命毒师》团队对元素周期表的最后一处趣味演绎引起了化学家和化学爱好者的批评。制作团队在演职人员列表中也融入了每个元素的电子排布。电子排布是一串数字和字母，代表电子在原子轨道中的分布。如果借用前面“女商人”的比喻，电子排布则是每一个子账户或分区中的金额数。剧中演职员表背景中的元素周期表准确地列出了元素的电子构型（尽管只是用简化的数字形式表示每个轨道的电子数，并没有标出所指轨道的名称），但早期片头字幕在突出个别元素时犯了个错误，直到第五季才得以纠正。不过，考虑到制作团队对转瞬即逝且很容易被忽视的片头字幕倾注了如此心血，这样的错误大可不计。

《绝命毒师》内幕：尽管制作团队专注于细节，失误依然是不可避免的，无论是偶然还是出于实际需要，这部虚构剧集并不总能反映现实。甚至连《绝命毒师》的演职人员也成了人为失误的受害者。

其中一个例子就是制作团队想在演职人员表中使用缩写 Ch 来标示摄影指导迈克尔·斯劳维斯（Mi**ch**ael Slovis）。然而并不存在这样的化学元素，最后改成了碳元素 C！

另一个例子是前面提到的电子构型。制作团队确定了溴的每层电子分布（2，8，18，7），但对钡和铬（Cr）也错误地复制了相同的序列——Cr 元素出现在演职人员表的“文斯·吉利根制作（**Cr**eated）”中。第五季的后半段播出时，钡（2-8-18-18-8-2）和铬（2-8-13-1）的电子结构式得以修正，这让很多关注电视圈的化学家们欣慰不已。

副反应 #2：人体化学成分

除沃尔特·怀特和埃利奥特·施瓦茨之外，灰质技术公司实际上还有第三位成员：格雷琴·施瓦茨，沃尔特以前的实验室助理和恋人。沃尔特突然抛弃她后，格雷琴嫁给了埃利奥特。在那些美好的日子里，沃尔特和格雷琴曾有过一次“科学遭遇哲学”的对话，讨论人体的元素构成（第一季第三集《妥当处置》）。尽管对话带有调情的性质，但出色的剪辑将谈话内容与沃尔特及其毒品生意伙伴杰西·平克曼（Jesse Pinkman）清理杰西前任合伙人埃米利奥·小山（Emilio Koyama）尸体的场景对应起来。小山的尸体被肢解，多半都被溶解了。

当两人还在恋爱时，沃尔特和格雷琴在黑板上写下了以下元素的摩尔百分比，或者原子百分比：

氢（63%）、氧（26%）、碳（9%）、氮（1.25%）、钙（0.25%）、磷（0.19%）、钠（0.04%）、铁（0.00004%），加上黑板上标记的氯（0.2%）、硫（0.050002%）和镁（0.00404 %），沃尔特说总和只有99.888042%，这意味着0.111958%不知去向。沃尔特还说：“好像少了什么，不是吗？”人体内应该有比这更多的东西。”

这番哲学思考可能意在引导观众去质疑沃尔特的内在灵魂，但人体内似乎不只含有以上元素。（普遍认为人的灵魂约重21克，这是基于1907年邓肯·麦克杜格尔博士的科学判断，但大家一致认为，这与其说是事实，不如说是一种奇思妙想。如果对此仍有疑问，大可去网上搜索相关信息。）

根据现有文献，上文提到的摩尔百分比都是正确的，只不过氯的含量应该是 0.025%，硫是 0.06%，镁是 0.013%。此外，还应该列上 0.06% 的钾和 0.000002% 的碘。剧中黑板上的数学计算是错误的，但是加上正确的数字之后，最终的结果 99.888042% 是无误的。

依然有 0.1% 的物质无法解释。正如格雷琴所言："那就只剩下微量元素，奇迹就发生在这里。"与铁和碘一样，微量元素包括硼、镉、铬、钴、铜、氟、锰、钼、硒、硅、锡、钒和锌，这些元素的含量都不超过 0.01%。人体内微量元素总和还不到镁的总量，不过个体之间也存在差异。人体内微量元素总量不大，但功能强大（通常是不可或缺的），比如铁在运输氧气的血红蛋白分子中起到关键作用，而碘在促甲状腺激素形成过程中也不可替代。

第三章　玩火

唐娜·J. 纳尔逊博士

尽管《绝命毒师》是在阿尔伯克基拍摄的，但编剧团队和总部都驻扎在加州的伯班克。与制作方代表首次电话沟通后，我有幸拜访了他们的办公室。

恰巧加州大学圣地亚哥分校（University of California, San Diego）的校长玛丽·安妮·福克斯任命我为他们的校长多元化学者（Chancellor's Diversity Scholar）。我在奥斯汀的得克萨斯大学攻读博士学位时，她作为非长聘助理教授，就已经是研究生委员会成员，我们从那时起就是好友。

在加州大学圣地亚哥分校的第一个星期，我便和文斯·吉利根约好了上午11点见面，我开着租来的车一路奔赴伯班克。同行的还有我儿子克里斯，他是一名化学工程师。因为不确定能否见到文斯本人或是其他重要人物，在飞往圣地亚哥到驾车前往伯班克的路上，我一再提醒克里斯不要对此次会面期望过高。我担心期望越大，失望越大。

“绝命毒师”办公室面积不大，内饰也很朴素，只有通往编剧室的走廊上装饰着《绝命毒师》的海报。

我向接待员介绍自己并递上名片，还主动索要现场工作人员的名片。她一边笑着说“在好莱坞没人使用名片”，一边打电话告诉文斯我到了。

不到一分钟，文斯就从隔壁房间冲了出来，他面带微笑和我握手，把我们带到隔壁房间，那应该是他和编剧们讨论剧情的地方。大布告栏和墙上钉着很多 3×5 英寸的索引卡片，每张卡片上写着一列关键词。文斯请我坐到办公桌一头，他和我儿子分别坐在两边。他说编剧们也想见见我们，话音刚落，他们就一一走了进来，一下子整张办公桌围满了人。

接下来一个小时，我一一回答了编剧们的提问。起初我并没有意识到，他们的问题是关于角色发展的。当时第一季已接近尾声，编剧们还在打磨沃尔特和其他配角的性格。问题包括：“什么样的人会成为科学家？”“化学家如何与人交流？”“教授怎样和学生讲话？”“在实验室内外，教授和学生说话的方式有什么不同？”

临近午餐时间，我本来以为会议要结束了，当他们邀请我们共进午餐时，我喜出望外。就餐地点不远，我们开车到了圣费尔南多大道145号的戈登·比尔施酿酒厂。在那里，头脑风暴又持续了一个小时。

其中一个很特别的问题是："什么事情能让一个名校博士沦落为高中教师，而跟他在科研项目中合作过的学生后来却获得了诺贝尔奖？"我问科研小组里有没有女性，回答是肯定的。我告诉他们，让主人公的合作伙伴撬走他的女朋友，他会一蹶不振，无法走出伤痛，最终饮恨退出。后来，我才恍然大悟这个问题的深意。

午餐结束时，他们问我后续能否继续通过电子邮件或电话提问，我回答说："没问题！"

101/ 入门级

> 电子，它们改变自身能级，而分子改变自身化学键。元素组合并形成化合物。这就是生命……亘古不变又循环不止，溶解或分解，从生长、衰败，到转变，周而复始，令人着迷。
>
> ——沃尔特·怀特，第一季第一集《试播集》

对于《绝命毒师》中的大量科学知识而言，如果说片头字幕是开胃菜，那么试播集就是主菜了。在第一个小时里，沃尔特·怀特完成了制毒初体验，利用科学知识打倒了一群残忍的毒品贩子，还有时间给课堂上那些毫无求知欲的学生讲授化学的变革力量。

相比之下，化学课听起来似乎并不那么激动人心，但这堂课的主题，即化学反应是一切生命的基础，也奠定了全剧的哲学基础。

沃尔特深知面前这些十几岁的学生心思不在电子轨道和光子发射上，譬如那对卿卿我我的小情侣。沃尔特试图通过丰富多彩的演示来吸引学生的注意力，他采用了最古老的科学奇迹：火。

为了诗意地揭示化学的本质，沃尔特点燃了本生灯，向火焰喷洒不同的溶液，火焰瞬间交替产生红色和绿色的光。这种对化学和物理作用有趣的视觉展示，不仅是酷炫的好莱坞特效，相对而言很容易复制。那么究竟发生了什么呢？

在第二章中，我提到了原子内部电子的性质，正是原子组成元素，最终构成了所有物质。但正如沃尔特所言，这些电子和原子并不是静止不动的，而是在永无休止的循环中移动、改变、结合并分裂。但与此同时，根据热力学第一定律（也称能量守恒定律），能量既不能被创造也不能被消灭，它只能改变形式或从一个地方转移到另一个地方。

要展示这种原子活动，最简单的实验是将金属盐溶液（通常溶解或悬浮在酒精中）加入火焰中。火的热量会暂时激发溶液中的电子，就像一杯热咖啡会暂时提高员工的能量水平一样（这种兴奋效应更多是源于咖啡因，而不是温度，稍后我们再讨论，不过你能理解大概意思）。不可避免的是，咖啡因效能的崩溃最终会让员工恢复初始状态；同样，一旦能量来源（热量）被移除，被激发的电子也会回到正常静止状态。既然能量既不能被创造也不能被消灭，那么额外的能量一定要去到某个地方。在这种情况下，它以发光的光子形式逃逸。于是，转瞬间我们就拥有了绚烂的火！

进阶级

剧中这个简单的演示包含了许多科学知识，将化学和物理学科连接起来。前一章介绍了电子和原子轨道，在此基础上我们进一步解释剧中这个火爆的演示。

在这个场景中，如果将注意力从绚烂的火焰上移开，不难发现沃尔特身后的黑板上还写着很多有趣的东西。黑板的一端是由字母和数字命名的一列电子轨道，这对初学化学的人来说应该不陌生。另一端是一系列方程式，看上去犹如天书，但是一旦理解了符号的定义，化学和物理之间的联系就清晰可见了。

我们从原子轨道开始讲起。正如前文提到的，原子轨道是以数学来界定的原子核周围预计会出现电子或电子对的区域。原子轨道存在不同的形态和能级（如图 3.1 所示）。

当然，这并不是对原子轨道最直观的表述，但视觉呈现效果比数学方程式要好一点。决定电子会落在这些轨道中哪个位置的规则其实很简单：基于泡利不相容原理（Pauli exclusion principle），

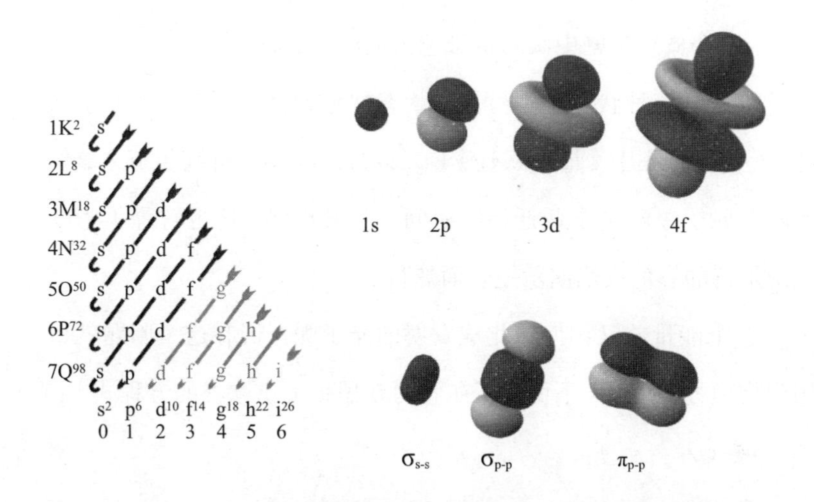

$1s^2_2\ 2s^2_4\ 2p^6_{10}\ 3s^2_{12}\ 3p^6_{18}\ 4s^2_{20}\ 3d^{10}_{30}\ 4p^6_{36}\ 5s^2_{38}\ 4d^{10}_{48}\ 5p^6_{54}\ 6s^2_{56}\ 4f^{14}_{70}\ 5d^{10}_{80}\ 6p^6_{86}\ 7s^2_{88}\ 5f^{14}_{102}\ 6d^{10}_{112}\ 7p^6_{118}$

图 3.1　电子轨道图来自 Patrica. fidi.，无版权限制。
通过维基共享资源网站下载

没有任何两个电子可以拥有相同的量子数——量子数决定轨道的大小、形状和方向——每个轨道只能容纳两个自旋相反的电子。高能级的壳层有更多的轨道，可容纳更多的电子。

重要的是，只要遵循规则，电子可占据任何轨道，即使只是暂时的，不过它最终会降到能级最低的轨道。（同理，如果子账户“每月账单”没有按期还清，就无法将钱存入高收益储蓄账户里。）当电子被某种能量输入激发，出现在一个能级更高的轨道中时，如果恰好有一个低能量的轨道空缺，电子的状态就变得不稳定。电子会回落到能级较低的轨道，并在此过程中发射一个光子以对应能量损失。这个概念是剧中沃尔特彩色火焰演示的核心。

电子从一种状态跳到另一种状态被称为量子跃迁（或原子跃迁）。虽然纪录片《量子跃迁》（*Quantum Leap*）持续了五季，但实际上原子级的量子跃迁持续时间不过几纳秒，这也解释了为什么沃尔特的彩色火焰演示短暂而炫目。

这个能量差又如何转化成发射的光子呢？回答这一问题就得用到物理方程式了。下面是沃尔特写在黑板上供参考的方程式[1]：

$v = c/\lambda$

$E = hv$

$\lambda = h/mv$

以上公式是对极其复杂的物理反应的极简呈现。我们先把这些简单公式分解一下，看看它们到底代表什么：

v = 光的频率，单位为赫兹（Hz）；不是英文字母 V，而是希腊字母，念作"niu"

c = 光速，为常数；299，792，458m/s（米每秒）

λ = 光的波长，以纳米（nm）计

E = 光子的能量，光子是传输光的粒子

h = 普朗克常数，这个值将光子的能量与其频率连接起来；比较准确的数值为 6.62606×10^{-34} J · s（焦耳 · 秒）

m = 质量

v = 速度

第一个方程式说明光的频率（单位时间内电磁波的数量）等于光速的恒定值除以波长，即测量到的每个完整波的波峰到波峰的距离。频率和波长的值决定了光在电磁波谱中的位置，从电离辐射（如伽马射线）的高频或短波长，到微波和无线电波的低频或长波长。在这两个极端之间是可见光光谱，存在于近紫外区和近红外区之间。

第二个方程式引入了光子，是沃尔特课堂讨论和演示的关键部分，这个方程式揭示光子的能量等于普朗克常数乘以电磁波频率。因此，如果已知一个变量，就可以确定另一个变量，这组关系式适用范围很广，无论是使用天文光谱鉴定遥远恒星的组成，还是在高中科学课上演示基本物理概念。

第三个方程式是德布罗意关系式之一，它将光的波长与其动量（质量乘以速度）联系起来，给物理学家提供了另一个确定光谱值的工具。

不过，这一切与沃尔特制造的绚烂火焰关系何在？在剧中，沃尔特向学生们隐瞒了一件事，那就是他为演示准备的瓶子里到底有什么。那看似神奇的混合物只不过是溶解或悬浮在酒精溶液中的各种金属盐，这种操作让化学课实验变得高效而简单。（事实上，在实际课堂中，教师应提前研究试验用化学品，排除所有潜在的危害，并应考虑预防措施。我猜想沃尔特已经准备好了一个灭火器，尽管剧中并没有展现这一点。）这里有一系列沃尔特可能展示

的光谱颜色和对应的金属盐：[2]

中红色 = 氯化锂、碳酸锂

深红 = 氯化锶、碳酸锶

橙色 = 氯化钙

黄色 = 氯化钠、碳酸钠、硝酸钠

黄绿色 = 硼酸钠（又名硼砂）

绿色 = 硫酸铜、氯化钡

蓝色 = 氯化铜

紫罗兰色 = 硝酸钾、硝酸铷

紫色 = 氯化钾

金色 = 木炭、铁、油烟（又称煤烟）

白色 = 硫酸镁；钛、铝或铍粉末

沃尔特的课堂演示中只出现了绿色和红色火焰，可能分别来自铜和锂溶液。显而易见，光谱中包含更多的颜色，远不止这两种。有趣的是，尽管不同金属盐产生的化学物质和火焰的颜色都存在差异，但基本概念是一样的：化合物溶解在酒精中，原子中的电子遇火会获得能量，导致它们被激发并跃入一个能级更高的原子轨道。来不及眨眼的工夫，这种不稳定的状态迫使电子重新回到基态，而多余的能量必须转移，于是光子被释放出来。这个过程被称为自发发射。光子的能量与以上提及的电磁波的频率和波长有关，决定了它在光谱中的位置，如果处在可见光范围内，火焰就会有颜色。

有趣的是，由于原子轨道模型中的量子态具有离散值，这些态之间的能量差异也有离散值，所以当一个电子从一个轨道落到另一个轨道时，它所发射的光子的能量值必须与这个差值完全匹配，不多也不少。这种现象可以应用于一种叫作发射光谱的过程，它通过检测激发电子跃迁到较低的能态时发射的光子波长来确定未知样品的元素构成。[3] 这就是科学！

趣闻实情：要展示沃尔特这堂化学课讲述的概念，还有另一个更具有爆炸性的方法：烟花！下次在夜空中见到绚烂的礼花迸射时，你可以试试能否记起各种颜色对应的化合物。

当物质被加热时，会自行发射光。当然，其他形式的非加热发射也统称为发光。根据电子被激发的方式，发光又有专门的说法，譬如电致发光（利用电流或电场产生光）、化学发光（以化学反应为主，生物发光是其中一种特殊类型）、光致发光（电磁辐射吸收光子后的光辐射）。荧光和磷光是光致发光的两种类型。磷光与荧光类似，但不同于荧光物质在吸收辐射后立即释放光子，磷光会在激发态电子下降到低激发态的亚稳态时产生，即使激发辐射被移除后仍以光的形式缓慢释放能量。简而言之，就是黑光海报在紫外线照射下发出的荧光与夜光物品发出的磷光之间的差别。

更神奇的激光始于自发发射，但是会持续经过一个更复杂的过程，也就是所谓的受激发射；激光（Laser）实际上是“Light Amplification by Stimulated Emission of Radiation”的缩写，即“通过受激辐射产生的光放大”。《绝命毒师》团队从未尝试探索过激光。但在最后一集，激光依然留下了浓墨重彩的一笔。

第四章　一种气体（膦）

唐娜·J. 纳尔逊博士

我觉得帮《绝命毒师》团队校对科学细节是一种社区服务。相信这份工作可以让我深入了解好莱坞的运作模式，也能协助制片人、导演和演员更多地了解科学和科学家，同时确保节目中的科学材料正确，帮助观众准确地了解科学。

早些时候，有人告诉我好莱坞盛传一个谣言，说科学顾问和热剧不可兼得。我原本以为只要我在帮助他们的时候，让我的目标与制片人、导演和演员的目标一致，就足以保证合作成功。我当时马上意识到，不能用科学准确性限制编剧的创作自由。毕竟，这部剧本身是剧情片——它是虚构的——不是一部科学纪录片。

我预想了一些可能的阻力。首先，《化学与工程新闻》上刊登的那篇关于《绝命毒师》的文章，是面向美国化学学会全部会员发行的，当时受众约有 16.7 万人。这显然是一部热播剧，而且很多人都愿意参与电视制作，我担心制片人和导演已经被各方涌入的志愿者包围了，可能觉得不需要我。大约一年后，在参观片场时，我对文斯·吉利根说："我不想错过这个千载难逢的机会，但我住在俄克拉何马州，离伯班克和阿尔伯克基很远。你们那附近不少名校，为什么不从这些学校找个顾问呢？"文斯回答说："试过了，没人愿意帮我们。我们本来想参观一下化学实验室，但是也没办到。"然后我问："有报道你那篇专访的杂志对大约16.7万名美国化学学会会员发行，你们后来招来了多少个志愿者？"文斯肯定地看着我，回答道："一个。"

其次，我担心《绝命毒师》的制片人、导演和编剧会认为压根儿就用不着我。毕竟，沃尔特·怀特只是担任高中有机化学老师，涉及的不过是入门级化学知识。编剧们是从之前的热门剧集挑选来的精英，都是写作高手。文斯也说编剧们已经从网上下载了一些科学资料，所以基本知道怎么写。我想，他们大概不需要我也能继续写下去。

编剧团队首次向我求助是关于烯烃的命名。在剧中，沃尔特要在课堂上讲烯烃。为了帮助我理解剧情，制作方给了我一些相关剧情的脚本。我想着这很简单。然而，读完脚本后，我惊呼："哦，不，他们的确需要我。"脚本中混淆了烯烃、烷烃和炔烃——三种不同类别的简单有机分子，名称通常相似。我以自己的编辑能力对脚本进行了修改，返给编剧团队。他们又问我是否能画一些图式让他们放在黑板上，我给了他们一些烯烃的结构图，就是后来剧集中呈现在黑板上的内容。（见图 4.1）。

图 4.1　纳尔逊博士手绘烯烃结构图，《绝命毒师》在教室场景内再现。图片由 AMC 和凯特·鲍尔斯（Kate Powers）惠允。

几个月后，我在客厅里收看这一集时，觉得非常振奋：荧幕上的场景有我的作用在里边。最重要的是，当我知道学习有机化学的人（高中生或本科生）像我一样收看节目时会对剧情留下深刻印象，而不是看得云里雾里，我就心满意足了。这就是我的目标，我很满意他们的安排。

101/ 入门级

> 红磷在潮湿的环境下，受热加速产生磷的氢化物，一种剧毒气体，吸入这么小小一口……
>
> ——沃尔特·怀特，第一季第一集《试播集》

现在我们已经对元素周期表略知一二，也从对电子的热情中平复，是时候来看看《绝命毒师》如何让沃尔特用科学来赚钱了。郑重警告：下面的内容可能会引起不适！

《绝命毒师》试播集花费了大量的时间铺垫科学基础，介绍了沃尔特对诺贝尔奖的贡献，塑造出一个性格温和的天才化学家形象。剧中令人印象最深刻的是沃尔特没有将专业知识用在正道上，而是用于非法合成冰毒……甚至还利用化学毒气干掉了两个敌对毒贩。我将在后续章节中介绍冰毒制造背后的科学，现在先来看看危险的磷化氢气体。

在剧中，沃尔特被对手埃米利奥·小山和疯狂小八强迫炮制冰毒。他被枪口指着，没穿上衣，只穿了一双靴子，戴着眼镜，系着围裙，穿着白色紧身裤。看上去，他毫无战斗准备。但沃尔特思维敏捷，利用化学知识迅速用手边的化学品造出一种快速产生作用的毒气。沃尔特将一个装满红磷的罐子扔进一盆热水中，产生火焰和有毒气体，敌人暂时丧失抵抗能力。这的确是一个情急之下摆脱困境的妙招，可背后的化学原理是否站得住脚？

磷确实能与水发生反应，产生无色、可燃、有毒的气体膦，不过这种反应需要更多的热量和氢氧化物。否则，磷在水中是稳定的。毫无疑问，膦是非法生产冰毒的危险副产品，所以总体上说得过去。这里提到的基本要素都符合化学原理，但我们还是能发现细节上的问题。

进阶级

在深入讨论这些细节之前，我认为有必要解释一下膦对人体的危害。毋庸赘言，**本书并不是制造危险和非法物质的说明书或指南**，但还是有必要重申一下。也许，先讨论一下膦的不良影响有助于明确这一立场。

膦又称磷化氢或三氢化磷，是一种无色、易燃、有毒的气体，化学式为 PH_3。根据该化学品的安全数据表（SDS），[1] 接触后主要健康危害包括呼吸道感染、中枢神经系统抑制，吸入可能致死。除此之外，膦还是一种极易燃的气体，暴露在空气中会自燃，引发爆燃。短期接触可导致一系列胃肠道、呼吸系统、视力和心脏问题，还可能造成肝肾损伤、抽搐、昏迷，甚至死亡。液态膦是一种低温液体（正常沸点低于 −130 华氏度或 −90 摄氏度），皮肤接触也会引起冻伤。这难道不算危险吗？

尽管有以上危害清单，但埃米利奥和疯狂小八神奇地逃过了沃尔特的毒气袭击……至少是暂时的。最终，埃米利奥还是难逃一劫，而疯狂小八则以一种极具个人色彩的方式与日渐邪恶的沃尔特面对面。至于沃尔特和杰西如何毁尸灭迹，我会在后面讨论。剧中膦的致命性也符合实际化学属性，不同程度的接触确实会导致不同的健康危害。那么，剧本中哪里出错了呢？

在现实中，《绝命毒师》中的方法不足以产生足量的膦。膦是一种氮族元素的氢化物（pnictogen hydride），这个古怪的名字指的是由氢原子与元素周期表第15族元素的原子形成共价键（通过共享电子）结合而成的化合物。“pnictogen”一词来源于古希腊语πνίγειν（pnígein），意思是“窒息”，与氮的窒息性有关，仅凭这个词的发音，你可能已经猜到其中奥秘。氮族元素还包括砷、锑、铋，可能还有镆，当然还有磷。简言之，这类气体以强窒息性闻名，其中膦也是相当常见的工业产品，用于微电子，也可作为熏蒸剂和制备纺织制造中使用的化学用品。

故事从磷开始。至少就这里的讨论中涉及的类型而言，磷包括红磷和白磷。二者为同素异形体，即同一元素的不同物理形态。例如，金刚石、木炭和石墨都是碳的同素异形体。

以磷（P_4）为例，其白色同素异形体呈柔软的蜡状，而红色同素异形体是一种无定形固体，缺乏晶体所具有的结构或秩序；磷还有呈紫色和黑色的同素异形体。白磷也可能呈淡黄色，具有毒性，接触皮肤可能导致重度烧伤。白磷在黑暗环境中会发光，暴露于空气中则会自燃，因此常被储存于水下。（注意：在实验室中将白磷存于水下，可防止白磷与空气中的氧气发生反应，从而维持其稳定性。）

白磷被用于生产照明弹和燃烧装置、弹药以及烟幕弹与曳光弹等军工用品。通过加热磷矿石（磷在自然界中存在的形式），并在水下收集产生的磷蒸气可以获得白磷。[2] 白磷也是工业制备磷化氢的首选化学物质：白磷与氢氧化钠和水反应生成磷化氢，[3] 同时产生副产物次磷酸盐。对白磷采用所谓的不对称酸催化方法，则会产生磷化氢和磷酸；由于酸强度的差异，后者会加剧埃米利奥和疯狂小八的中毒症状。

在隔绝空气的情况下，轻微加热白磷可产生红磷。这种无毒的同素异形体是制造火柴盒侧面擦纸的材料，在本书关于制毒的讨论中也尤为重要。十分古怪的是，红磷是一种高效阻燃剂[4]，而白磷因其高反应活性而常被用于制造武器。[5] 红磷加热可结晶，在与氢分子反应时可生成磷化氢气体。最后这一点正中沃尔特下怀。

你可能会好奇，一罐磷在冰毒实验室里到底有什么用？稍后我将用一整章详尽介绍剧中呈现的各种制毒方法。本质上看，磷其实是用来回收并再生另一种对合成冰毒极其重要的化学物质的。换句话说，冰毒实验室里有磷是合乎情理的，同样，在一个非法冰毒实验室里找到道路照明弹和火柴盒也都说得通，因为这些都是磷的来源。

说到非法制毒实验室，房车是绕不过去的。在我们所说的这一集里，沃尔特被胁迫在房车里制毒。他表面上只是重复平日的制毒流程，实际上是在拖延时间，待机将装满红磷的罐子扔进热水锅中，借助磷化氢气体在空气中自燃时产生的闪光[6]逃生，并让埃米利奥和疯狂小八死于致命毒药。可怕的科学发挥了作用。

虽说不是不可能，但无论如何，绝非剧中描述的那种方式。制作台上装红色粉末的罐子上清楚地标着“红磷”。但请记住，实际应该是白磷与水蒸气和氢氧化物反应产生有毒气体。[7]在房车里，沃尔特似乎只有一锅热水，即使他往里加入了一些氢氧化物，作用也微乎其微。记住，晶体红磷可以与氢反应，释放出磷化氢气体。然而，烧开的水不会产生氢气，否则在煤气灶上煮一锅意大利面都会起火。（可以使用电解法，让电流通入水，把水“分解”成氧气和氢气，但显然沃尔特没有条件这样做。）

将红磷加入热水中，即使有滚烫的蒸气作用，也不可能会产生磷化氢气体，至少不会那么快。红磷可以与氧气和水蒸气缓慢反应生成磷化氢气体，但这种反应在正常情况下非常缓慢，因此在军事上部署弹药时都不会视其为抑制因素。[8]

另一种产生磷化氢气体的方法是将磷化钙（从红棕色晶体到灰色颗粒状块状）加入水中。因此，除非是杰西·平克曼给罐子贴错标签，或往里面撒了磷化钙，否则沃尔特的自救计划很可能化为乌有。

趣闻实情：在纯净状态下，所有的氮族元素氢化物都是无味的，一旦与空气接触，气味就会变得非常强烈。氮氢化物，更广为人知的名字是氨，具有一种典型的鱼腥味或尿素分解后的尿液味。氢化锑，也被称为锑化氢，闻起来有刺鼻的硫或臭鸡蛋味。氢化砷或胂有轻微的大蒜味，而磷化氢闻起来像鱼或大蒜。沃尔特和杰西用磷化氢熏蒸房车后，房车里的异味肯定招人抱怨，但埃米利奥和疯狂小八眼下有更紧迫的问题亟待解决。

副反应 #3：碳，及其别称

让我们回到教室，听听沃尔特的另一节化学课。在第二季第六集《躲猫猫》中，沃尔特谈论碳时滔滔不绝。他似乎在说另一种语言——“单烯烃、二烯烃、三烯、多烯……——但他也承认要了解这些术语有点难。为了简单明了，他告诉学生“碳是一切的中心”，“没有碳就没有生命”。有好奇心的读者可以参考下面列出的沃尔特对碳基定义的细分：

· 单烯烃：含有一个碳碳双键（C＝C）的碳氢化合物，也称为单烯。（趣闻实情：沃尔特或是制作团队的某个人，在黑板上错拼成了“单烯烯烃”；环己烯结构式上也没有画双键。）

· 二烯烃：含有两个碳碳双键的碳氢化合物，也称为二烯，例如用于合成橡胶的 1, 3-丁二烯。

· 三烯：含有三个碳碳双键的碳氢化合物。（发现其中规律了吗？）

· 多烯：含有多个碳碳双键的碳氢化合物，包括二烯和三烯，出现在光谱的可见区域，例如自然生成的黄橙色多烯色素 β-胡萝卜素。

随后，沃尔特谈到人类和金刚石都是由同样的物质组成的，无论是女人手上的钻戒还是女人本身。沃尔特介绍，“钻石发明人”H. 特雷西·霍尔在 20 世纪 50 年代为美国通用电气工作时，研发了一种人造钻石生产工艺。这一成就只获得了 10 美元储蓄保证金的奖励，却成就了价值数十亿美元的产业。

已故的霍尔博士确实是通用电气科学团队中的一员。1954 年，该团队通过将碳加热到 2760 摄氏度（5000 华氏度），并用液压机施加极端压力，制造了第一颗人造钻石。这一成功源于三年的实验和数百年的理论讨论，在几十年来不断被复制。霍尔对这项技术的改进被称为“超级压力项目”（Project Superpressure），同样，他的计划也建立在前人的科学研究基础之上。霍尔和同事在 1960 年获得了这项技术专利；霍尔随后获得了另一项改进液压机的专利，随即成立了人造钻石公司 MegaDiamond 和 Novatek。[9] 结局也不差。

也有报道称霍尔的努力更像是一场独行冒险，因为通用电气拒绝为他提供可用设备，也不允许他使用现有的设备进行实验。按照这个版本的说法，1954 年圣诞节期间，霍尔孜孜不倦地工作，终于取得突破，通用电气公司却指责他夸大其词；然而在霍尔被迫离开大楼、远离设备时，公司复制了他的成果。缺乏信任和 10 美元的储蓄保证金——加上固定工资——实属对他的侮辱和伤害，霍尔最后被送往杨百翰大学继续研究。虽然霍尔和他的专利多次遭到联邦政府的阻挠，但他最终还是得以从自己的研究中获利。[10]

物　理

沃尔特化学知识渊博，这让他在每季中陷入麻烦后全身而退。当然，对其他科学概念的普遍了解也让沃尔特受益。以物理学为例，这是一门经典的学科，与化学有很多交集。对物理学通常的看法是它存在于极端情况下，比如量子力学是在非常微小的尺度上研究相互作用，而宇宙学是在天文尺度上。但物理学以更具体的方式影响着我们的日常生活，从煮鸡蛋到开车，再到我们脚下实实在在的混凝土。物理学也可以解释为什么钢斧刃永远不会像第三季第七集《一分钟》呈现的那样轻易嵌入沥青。（更有趣的是，这个场景其实是在摄影棚拍摄的。在摄影棚里，一整块沥青被切下来，换上了外表接近的材料，刀刃才能劈入并保持直立。[1]）

正如我们在前几章所讨论的，化学是对物质系统和物质内在行为的研究。物理学从定义上讲，关注的是物质相互作用的外在行为以及它们组成的运行系统。基本上，这两门学科涵盖了所有物质的内部和外部相互作用。现实中物理和化学交叉的绝佳例子是一件非常普通的日常用品：电池。我将重温剧中沃尔特的经典之作——自制电池，它最终拯救了困在沙漠中的制毒二人组。我们会一探究竟，看看自制电池是否真有充足的能量来启动一辆房车。

在理解电池的基础上，我还将讨论海森堡手中电磁铁的破坏力（特别是它们对计算机硬盘的影响）。接下来，是时候喝点什么了，我们将讨论本剧轻松的剧情，涉及你每天或每周可能服用的合成“药物”：咖啡因和酒精，分别来自咖啡和啤酒。如果沃尔特和杰西——且不说沃尔特那位爱好私酿的妹夫缉毒局探员汉克·施拉德和沉迷咖啡的前实验室助理盖尔·博蒂彻——开了一家咖啡店或啤酒酒吧，《绝命毒师》就可以加入《老友记》和《欢乐酒店》阵营，成为有史以来最伟大的合法的毒品情景喜剧。

第五章　自制电池

唐娜·J. 纳尔逊博士

一天深夜，我收到了《绝命毒师》团队的第二个问题："如果使用 P2P 制毒法，30 加仑甲胺可以合成多少冰毒？我们需要以磅为单位的答案。"这个问题实在有趣，因为种种原因，我笑了好一会儿才停下来。首先，在整个教学生涯里，我主讲过本科生有机化学，有时一节课近 400 学生。在课上，为了给学生们传递正面信息，我一再避免讨论非法药物合成。现在，我又要给剧组直接提供相关信息，着实讽刺。其次，科学家通常使用公制计量，也经常要求学生不要使用磅作为计量单位。其三，在实验室里，我们很少使用大剂量化学品，原因有很多——小规模反应的安全性、化学品成本、用于化学反应的玻璃器皿的成本、化学品对环境的影响，诸如此类。我个人在实验里也从未使用过 30 加仑的物质。所以，一个有悖我个人多项原则的问题，是非常滑稽的。

我对 P2P 法知之甚少，便查阅了相关文献（剧中沃尔特使用的就是这种苯基丙酮 / 苯基-2-丙酮合成法，P2P 与甲基苯丙胺和苏达菲的基本形态相同）。我发现 P2P 法还原过程中使用了多种试剂。为了保证准确性，我把搜索范围锁定在已公开报道的非法制造冰毒活动中，总结出几种可行的方法，产量各有差异。

我问剧组的人是想要精确的计算值还是粗略的近似值，他们想要精确的。我告诉他们必须确定最后步骤使用的是哪种还原剂，这样我才可以计算产量百分比并推算获取的产品数量。他们说不清楚一共有哪些方案，我就整理出清单发给了他们：

· Pd/H_2　钯催化剂，加氢气还原

· Pt/H_2　铂催化剂，加氢气还原

· CuO/H_2　氧化铜作催化剂加氢气还原

· $NaBH_4$　硼氢化钠

· Na/alcohol　金属钠和乙醇

· $NaBH_3CN$　氰基硼氢化钠

· Al/Hg　铝 / 汞

他们最终选择使用铝 / 汞，因为发音相对简单，这至少是演员们喜闻乐见的。这样的结果很幽默，我选择试剂时要依据成本、安全性、成品的产率、产品纯度、采购便利性、处置

便利性，从来没想过要依据发音。我希望这对大家来说都是一次好的体验，所以同意了，继续推进。不过，我常常好奇观众会不会疑惑编剧们是如何选择还原剂的。

101/ 入门级

你身上有钱吗？我是指零钱，或者硬币。硬币、金属垫圈、螺母、螺栓、螺钉，各种各样金属零件，只要是镀锌的都可以，收集起来。必须是镀锌的，或者是纯锌的。再帮我把刹车垫拿来。前轮应该有个圆盘，卸下来拿给我。

——沃尔特·怀特，第二季第九集《四天已过》

电池，在我们生活中随处可见，遥控器、手机、笔记本电脑都离不开它；汽车发动机和电动车感应马达也需要它。就像对大多数电子设备一样，一般人很难足够清楚地阐释电池及其内部工作原理。不过，电池仍然是现代文明最必需的重要工具之一，它们悄无声息，不到坏掉的那一刻都没人注意。即便这时候，买块新电池也比了解电池工作原理并自己动手制造要容易得多（也更安全）。

对于大多数人来说，最接近自制电池体验的是经典的教学实验：材料有一些铜线、镀锌钉子、鳄鱼夹、一个类似LED灯或时钟的低压设备，以及园艺栽培的柠檬或土豆。这是大多数人最早接触到的电化学电池内部运行的例子，有力地展示了自然界中的电现象。钉子上的锌会被柠檬或土豆内部的酸溶解，产生的电子通过与设备相连的电线，传输至铜线。在这个电路中，电子在电线中流动，产生的电量促使LED灯发光或使时钟运行。海森堡只是把“土豆电池”的概念提升到了一个新的高度。

在第二季第九集《四天已过》中，杰西和沃尔特因房车/冰毒实验室的电池电力耗尽，被困在新墨西哥州的荒漠中。这个剧情可以作为一个警示故事：切勿忘记拔车钥匙。在现实生活中，导致汽车电池失效的原因数不胜数。《绝命毒师》的编剧们对这种特殊情况的生活化处理，似乎与一个想要成为毒枭的人必须依靠百战天龙般的疯狂科学力挽狂澜的剧情不符，而更像是生活中人人都会有的体验。[1] 你大可打电话求助道路救援人员——假定你没有在改装过的房车里非法制毒，要不然会有麻烦——再不然，打电话叫朋友来接你。如今，你甚至可以轻轻点一下智能手机上的按键，找个陌生人拼车。

如果以上方法都不可行，你就不得不借助一些机械装置，譬如用燃气发电机给电池充电，实在没有办法的情况下，也可以用手边的材料组装一个自制电池启动引擎。由此可见，《绝命毒师》的剧本编得不错，沃尔特和杰西尝试了所有的可能性后，最终靠自制电池绝地求生。

沃尔特二人手机没电后，前来营救的瘦子皮特在荒漠中迷了路，紧接着燃气发电机起火，他们不得不用最后一点水灭火。走投无路时，杰西和沃尔特被迫收集零部件，拼凑出一个——机器人？噢，不是，让杰西大失所望了。（事实上，这个令人捧腹的反应来自“小粉”杰西的扮演者亚伦·保罗，剧本并没有这么写。[2]）

他们需要制造一个电池，具体来说，一个水银电池。这个一次性且不可充电的电池是用手边的材料组装而成的，包括氢氧化钾等化学物质，再加上从房车刹车垫上弄下来的石墨，镀锌螺母、螺栓、螺钉和硬币上的锌，还有电源线里的铜线和不知哪里搞来的氧化汞。（稍后做详细解释。）

沃尔特成功收集到了所有必备材料，组装出一个电池——装置连上后从夹子上迸射出的火花表明它能正常供电。现实中的物理和化学都在概念层面得到了检验。不过，即使启动引擎耗电不多，沃尔特的自制电池是否又有足够的能量来实现发动机点火？让我们继续详细分析。

进阶级

电化学电池（这种情况可称为原电池）通过化学反应产生电能，引起电子自发转移。（在电解池中，这种反应也可反向进行，在电解池中电能被用来促进化学反应。电镀工艺就是利用这种现象在基材上沉积一层薄薄的金属镀层。接下来，我就这一点展开讨论。）原电池由两个“半电池”组成，“半电池”各包含一个电极和电解质；两个“半电池”的电解质可能是同一种材料，也可能不是。

以水果蔬菜电池为例，铜是正极，锌是负极，电解质是柠檬酸（柠檬）或磷酸（土豆）。值得一提的是，电池的能量来源于电极和电解质之间发生的化学反应，而不是柠檬或土豆本身。不过，水果/蔬菜的果肉确实起到了天然盐桥的作用，这种相对惰性的介质能维持电中性，保证反应继续进行。

趣闻实情：很明显，在土豆电池中，用煮熟的土豆比用生土豆的电力要强 10 倍，因为煮熟的土豆降低了盐桥的阻力，让反应更畅通无阻地进行。[3]

那么为什么要用铜和锌作为电极呢？这其实与金属的电负性有关，即原子将电子拉向自身的倾向。我们用鲍林标度来作为测定电负性的相对标度（在元素周期表上，铯是 0.79，一直到氟，是 3.98），铜的电负性为 1.90，高于锌的电负性 1.65。通常情况下，电负性较强的金属会通过相连的导电线从另一种金属接收电子，因此铜电极会接受锌电极的电子。

还是用电子货币来类比，锌是一个富有的女人，她想把自己的血汗钱捐给慈善机构；铜是慈善工作者，他接受资金，并最终将其分配给需要的人。在这种情况下，促进这种货币转移的信托基金，就是连接它们之间的导线。(像大多数慈善机构一样，其中一部分资金将用于内部运营开支，这样捐款就不会100%都用于慈善。同理，根据导线的物理特性，导线会以热量的形式一路损失一些能量。我认为沃尔特的自制电池效率达到了100%，才有可能让他离开沙漠。)

那么电子一开始是怎么产生的呢？金属本身溶解在电解质中，这能有力地促进锌释放电子。带正电的锌原子称为阳离子（Zn^{2+}），溶解到周围的溶液中，剩下电子（$2e^-$）留在负极。由于正极和负极通过一根导线连接，自由电子可以通过电负性更强的铜线到达铜电极，在酸性电解液中与铜正极表面可用的氢原子（H^+）相互作用。形成的氢气（H_2）会产生气泡，这也解释了为什么即使是传统电池在充电时也会产生氢气，并存在爆炸起火风险。

在使用铜基电解液的电池里，一些铜阳离子（Cu^{2+}）也能够与有效电子相互作用，使其以铜的形式沉积到正极上。换句话说，锌电极溶解，而溶液中的铜沉积在铜正极上。若称量电池运行前后电极的重量，会发现锌负极的质量减少，铜正极的质量增加。还记得我提到的盐桥和电解质溶液吗？它们通过溶解的离子流动来维持平衡，使反应持续进行。

这是自制电池背后的化学原理，那和物理又有何关系呢？请记住，自由电子从负极出发，沿导线传输，来中和正极的阳离子。

如果你在导线的两端放些东西，比如一个LED灯、一个时钟，甚至一个引擎的启动马达，就会产生电流，让这些电子工作。这一切，都要得益于化学和物理的共同作用！

不过，一个给定的电池中产生多少电能，取决于“标准电极电位”。简单而言，这是电压的另一个说法。干电池一般使用锌负极和碳正极，电压为1.5伏（V），譬如标准的5号电池，更小的7号电池也一样。这是因为电压是由组成电池的化学物质和材料决定的，而不是电池本身的大小。尤其重要的是，不可充电的锌碳电池电压为1.5伏，可充电的镍镉/金属氢化物电池电压为1.2伏。与此同时，水银电池的稳定放电电压为1.35伏。如此看来，沃尔特用自制电池来取代正常工作的房车电池提供的12伏电压，不失为一个好的选择。

现在我们已经了解了电池的基本组成和它背后的化学反应原理，让我们再来看看沃尔特启动房车的尝试。

沃尔特要杰西收集硬币、垫圈、螺母、螺栓和螺钉，获得足量的镀锌或纯锌来制造电池负极。该反应的氧化电位（总标准电极电位的一半）为+0.763伏。[4]（镀锌是在钢或铁上涂上一层保护性锌层以防止氧化或生锈的过程。对沃尔特而言，或许最好是去刮硬件而不是硬币，因为美元硬币实际上是铜和镍或铜镍合金组成的。不过，1982年后的硬币刮掉铜皮，倒是锌的良好来源。1982年前后的硬币正反交替叠成一摞，实际上可以用来制造一个小的

铜 / 锌电池！）

沃尔特又用手上的氧化汞，即水银（二价）氧化物，制作了电池正极。剧中没有明说氧化汞的来源，我不确定他在制毒过程中是否用到这种化学物质——考虑到他们的炮制方法，这也不无道理，我稍后再说——或者也可能是从刹车垫的组件里获得的。如今市面上的刹车片确实会用一些金属氧化物来增加摩擦，但是我还没有发现使用氧化汞的刹车片，似乎使用铁氧化物是主流，还有少数使用锌、铝和镁的氧化物。不管怎样，正极还原所能达到的电压值为 +0.855 伏——如果我们假定汞可以形成 Hg^{2+}（二价汞）以便让沃尔特的电池成功运行的话。[5]

可以肯定的是，沃尔特从刹车片上获得了充当润滑剂的石墨（晶体碳）。在沃尔特的自制电池中，石墨有助于电子进入氧化汞，因为氧化汞本身是一种非导体，石墨还可以防止反应过程中产生的有毒元素汞（Hg）的聚集。

最后的电池组件如下：氢氧化钾水溶液（溶于水的氢氧化钾）作为电池的电解液，海绵浸泡在电解液中作为盐桥，铜线用于导电，跨接电缆用于连接自制电池与房车电池。所有这些材料都是在房车冰毒实验室里找到的。

沃尔特的自制电池中，锌负极在氢氧化钾溶液中氧化形成氧化锌（ZnO），释放两个电子，这两个自由电子由铜丝传输至氧化汞 / 石墨正极，使氧化汞（HgO）被还原（得到两个自由电子），形成汞元素（Hg）。每个电池的总电压最大值为 0.763V + 0.855V = 1.618V。沃尔特和杰西收集的材料足够制作六个电池，这意味着不考虑电池效率、电压损失、电阻等副作用，总可用电压是 6 × 1.618V = 9.708V。这仅仅靠手头材料东拼西凑起来的电池，实属变废为宝，但这真的足以启动房车么？

很遗憾，实际上可能行不通，其中有一些麻烦的地方。首先，可用电压有待考量。尽管我在考虑氧化汞的反应时使用了一个非常理想的值，但实际化学反应表明产生的总电压应该是 0.0977 伏，仅略高于我尽可能慷慨地赋予沃尔特自制电池的电压值的十分之一。而即使理论上的最高电压，仍然无法满足房车需要的 12 伏电压。

使用不同电压的电池（不管是不是自制电池）来启动耗尽电量的 12 伏电池有可能诱发爆炸，不过通常爆炸的是电压较低的电池。（别忘了，铅酸蓄电池充电也会产生氢气，增加了自制装置爆炸起火的风险。）当然，也有可能 1986 年产的 Fleetwood Bounder 房车没有使用标准的 12 伏电池……或者可能由两节 6 伏电池串联使用，只有一节电池没电了。

即使这些“可能”都属实，沃尔特的自制电池依然没有足够的电流给耗尽的电池充电。如果把电看成是水（这两者可轻易不能混在一起），那么电压就可以理解成水压，电流则是“单位时间内的电量”，即从高压到低压的电流（注意这里两个电池电压的差异）。正如欧姆定律所示，电流等于电压与电阻的比例。

沿用“水”的比喻，阻力基本上和水流通过的管道大小相关：管径大的阻力小，反之亦然。沃尔特使用的铜线虽然是不错的导体，但直径可能太小，无法让足够的电流在电池之间流动，并通过跨接电缆到达没电的电池。虽然氢氧化钾电池比氢氧化钠电池更适合以更高电流提供恒定电压，但自制电池产生的最大电流可能依然远远低于启动电池所需的最小值，即冷启动电流（CCA）500安培。[6]

所以，我们其实是试图拿一个低电压电池给高电压电池充电（除非只需要换掉一个没电的6伏电池而不是房车很可能需要的12伏电池）。与跨接电缆相比，自制电池本身的导线相对较薄，可用电流也不到启动发动机电池所需最小电流的十分之一。沃尔特和杰西的沙漠自助救援看来不太乐观。也许下一次他们应当找一辆带手动变速器和化油器的房车，电池没电了还可以靠推车来发动。

趣闻实情：过去的纽扣电池都含有汞，要么是电池负极本身含汞，要么是周围的纸绝缘层含汞，这是一种防止锌腐蚀的方法，因为锌腐蚀会积累氢气，降低电池的性能。由于汞的毒性，美国在1996年禁止使用含汞电池，但一些大型氧化汞电池仍用于军事、医疗和工业生产。[7]

《绝命毒师》内幕：第一季第四集《将死之人》中，沃尔特在汽车的电池两极之间放了一个橡皮擦，把肯（Ken，凯尔·伯恩海默饰演的可恶的股票经纪人）的宝马弄坏了。这个可怕的后果实际上是受到了文斯·吉利根自家兄弟的启发，他年轻时在车道上不小心把汽车电池搞短路了。正如吉利根所说，汽车电池充电时会产生氢气——不单是电池本身所含的硫酸会造成危险——氢气在适当的条件下会点燃。吉利根兄弟在电池短路爆炸时才发现这一点。幸运的是，文斯的兄弟幸免于难，没有受伤。但我不敢说肯的豪车和定制荣誉牌照（KEN WINS）会同样幸运。[8]

副反应 #4：绝命气球

第三季最后一集《全力以赴》中，最受粉丝喜爱的清道夫麦克·厄门索特（Mike Ehrmantraut）前往一个仓库，贩毒集团杀手在这里劫持了一名化学供应商和他的秘书。麦克对付杀手的方法简单粗暴，但搞明白他摧毁大楼电力的机智方法倒让我费了些功夫。

麦克在给孙女一堆充氦气的聚酯薄膜气球后为自己保留了一打左右。那天晚上，他接近仓库，在安全地带放飞了这些气球。气球缓慢上升，直到撞上空中的电线，引发电弧和火花，导致变压器爆炸，切断了大楼的电源和监控摄像头。接下来就是月黑风高了。

信不信由你，金属和聚酯薄膜气球靠近电线的确会造成严重危害。这些原本无害的聚会上的小物件随意飘浮，会“破坏整个社区的电力服务，造成重大财产损失”，接触电线时甚至“可能造成严重损害”。根据太平洋煤气电力公司的说法，聚酯气球撞到电力线会造成短路，也就是电流沿着非常规路径流动。[9]网上有很多类似视频，但似乎都是意外或疏忽所致，而不是为暗杀而设。向《绝命毒师》团队致敬，是他们想出了这个爆炸性的创意。

《绝命毒师》内幕：多年来，吉利根一直有一个关于硬汉拿着一堆气球的场景设想，但他一直没想出如何将其放到剧场或剧本中。他也曾偶然发现聚酯薄膜气球触及电线的危险性。这两个想法结合在一起，就有了剧中经典的一幕。

还有一个额外的小细节，全剧中出现的堆积在那里的甲胺桶上的标志来自“金蛾公司”。美工组还为该公司设计了中英文标牌。这个标志本来应该出现在公司化学大楼的一侧，但由于节目制作原因，最终被剪掉了。[10]

第六章　万能的磁力

唐娜·J. 纳尔逊博士

第二次咨询时，剧组没有附上剧本，所以我很奇怪他们为什么明确需要30加仑甲胺。我快速浏览了市面上在售的大剂量甲胺，发现这刚好是桶装甲胺的标准尺寸。尽管如此，我仍然不明白他们为什么要使用这么大的剂量。在大学实验室里，我们尽量避免使用大剂量化学药品。然而，在沃尔特和杰西闯入一间储藏室偷甲胺的场景中，我找到了他们使用大剂量化学品的缘由。他们本来只打算偷1加仑的甲胺，但是找不到1加仑的容器；他们只找到30加仑的桶，就拿了一桶。

这个场景之所以重要，还有另一个原因：沃尔特二人闯入储藏室时使用了铝热剂。编剧为什么让他们用这种方法破门而入呢？通常窃贼只需用锤子敲掉门锁。然而，创作者希望剧中的科学应用更壮观，高于生活，这常常比演员本身更引人注目。就像这一幕中一样，想象一下他们准备破门而入的场景——两个人都穿一身黑。夜晚黑咕隆咚，背景一片漆黑。随着铝热剂点燃，火星划过屏幕；火光掩盖了身后的一切，观众能看到的只有沃尔特和杰西。

在《绝命毒师》中，化学反应常常充斥剧中场景，甚至超越了剧情本身。这样的场景不胜枚举：由于使用了错误的容器，浴缸穿过天花板掉下来；一大颗雷酸汞晶体炸毁了整栋建筑；剧中用到了精心制作的咖啡冲泡设备，还用了很长的篇幅来讨论；诸如此类。正是这一点让《绝命毒师》从其他有科学内容的电视剧中脱颖而出。有一次参观片场时，我问文斯是否有意强化剧中的科学，使之似乎成了剧中的一个亮点；他微笑着坦然回答："是的。"

还有一次在片场跟文斯聊起甲胺，我称之为"反应前体"（precursor）。他一听就来了兴致，问我："前体？什么是前体？"我一一解释清楚。后来，"前体"这个词就频繁出现在剧中。我的建议是，如果他真的想靠科学词汇吸引观众，就应该在讨论合成产物数量时纳入化学计量学。毕竟，计算30加仑甲胺能产生多少冰毒是一个化学计量计算。不过，文斯并没有多大兴趣。我猜测一个主要原因是"化学计量"（"stoichiometry"或"stoichiometric"）的发音对演员来说可能有点困难，这也是他们在剧中选择汞作为还原剂的主要原因。

101/ 入门级

牛啊！万能的磁力！

——杰西·平克曼，第五季第一集《不自由毋宁死》

在第五季第一集《不自由毋宁死》中，沃尔特设计了一次毁灭性管状炸弹爆炸，夺去了冰毒大亨“古斯”古斯塔夫·福林的生命，二人组也终于摆脱了后者的控制。福林是兄弟炸鸡连锁店的老板，这家餐厅其实是毒品分销系统的幌子。福林死后，他的犯罪行为被揭发，身败名裂，沃尔特和杰西倒是未受牵连。但是古斯制毒窝点的监控录像证据保存在一台笔记本电脑的硬盘里，而这台电脑恰好落在阿尔伯克基警察局手上。当沃尔特和麦克讨论阿尔伯克基警察局证物室的安保水平时，杰西建议用磁铁来销毁证物，这最终再次促使团伙协作行动。但结局并非杰西、沃尔特和麦克所料想的。

在关于磁的经典科学演示中，使用铁屑（细小的铁颗粒，看起来像粉末）和简单的磁铁棒来实现磁场可视化。正是这个看不见的磁场使磁性物体之间相互作用。传统的计算机硬盘就是利用这种磁性现象，通过磁化或退磁数十亿个以二进制数字 1 和 0 表示的小扇区来存储信息。所以，可以设想用一个足够强大的电磁铁来清除电脑中精密的存储数据。

沃尔特和杰西利用老乔提供的巨大电磁铁（老乔用来移动垃圾场上的汽车），组装了足够的电池（谢天谢地，这次不是自制电池），在证物室外面把磁铁的能量调到最大。我猜这不仅会抹去硬盘上的磁性存储信息，还会毁坏所有的磁性物体，让它们一股脑儿砸在证物室墙面上。尽管这集里用电池驱动磁铁的科学原理本身是合理的，但在现实生活中，沃尔特和杰西的计划很可能会遭遇电磁干扰。事实证明，现代硬盘驱动器很难消磁，哪怕你有超级电磁铁在手。不过，经验证，这种野蛮的破坏方法还是很有可能让笔记本电脑陷入瘫痪。

沃尔特和杰西的移动磁铁看似行得通，但最终会在删除硬盘驱动器存储的数据时碰壁，为了更好地理解这一点，我们必须继续聊聊电磁、计算机数据记录和安全方面的具体问题。

进阶级

磁铁的工作原理是什么？磁铁指任何能产生磁场的材料或物体，这个看不见的磁场最显著的作用是铁磁性材料能被磁铁吸引，同时具有吸引和排斥其他磁体的能力。由于地球旋转、对流和依据发电机效应理论形成的地核电流，地球本身就是一个巨大的磁体。这个大型磁场不仅保护了地球大气层中的臭氧层不受太阳风影响，还为人类提供了实用的导航工具。此外，地球磁场的存在也让我们能够通过记录在火成岩中的磁证据，追踪古代大陆的运动和磁场本身的磁极逆转。因为磁场的存在，我们可以做的事情很多，譬如探索磁场对物体的影响，小到冰箱磁铁，大到汽车起重电磁铁。

在详细了解电磁铁的工作原理之前，有必要回顾一下铁、镍、钴和稀土金属等铁磁性材料是如何被磁化并产生磁场的。这些材料被称为永磁体，其磁化方式有如下几种：

· 将材料加热到居里温度，即材料失去磁性的温度以上，随后在冷却过程中，将材料置于磁场中锤击。这是最有效的方法，也是工业生产中常用的简化程序。

· 将材料置于磁场中并施加振动，使它们保留一些残余磁性。

· 用磁体摩擦一块铁磁材料上和 / 或施加电流，也可产生永磁体。

根据材料磁化的自然倾向，可以将其进一步分为“硬的”和“软的”两类。“硬”磁体，如铝镍钴的铁合金和陶瓷复合铁氧体，倾向于保持磁化；而“软”磁体，如煅烧（热处理）的铁，则不然。

当谈论亚原子层面的磁力时，情况就复杂多了。简言之，铁磁材料具有特有的电子排列方式，更易与磁场保持一致。这就解释了为什么某些材料，比如沃尔特的金戒指和有色眼镜，是没有磁性的，或者至少不受一般水平的磁场影响，使用高敏感的实验室设备另当别论。

进一步说，原子轨道中的电子属性可以用量子数来表示。量子数决定了电子的能量和自旋方向（向上或向下），以及轨道的大小、形状和在空间中的方向。电子在轨道中的运动创造出一个非常小的磁场。这些电子倾向于成对运行，依据之前提到过的泡利不相容原理，没有两个电子拥有相同的量子数，两电子之间自旋值相反，磁场相互抵消。

然而，铁磁材料有部分电子壳层由具有相同自旋的未配对电子占据，磁场并没有抵消。由此产生轨道磁矩，一种具有大小和方向的矢量，使附近的原子在磁场中以相同的南北方向排列。当这些铁磁材料经过自然或工业程序加热后冷却下来时，具有相同磁矩的原子在晶体结构中排列，形成磁畴。

如果以上关于粒子物理的讨论已经让你头晕目眩，不要担心，总结成一句话——电流和磁场是紧密联系的。这对于沃尔特是利好的，否则他的电磁计划开始之前就会短路。

在电磁铁中，顾名思义，磁场是由电流流动产生的。这意味着，只要有电流存在，任何物体周围都会产生磁场，从单一的直线导线、螺线管，到环形线圈。通常情况下，电流通过一个绝缘线圈（螺线管），也可使用铁磁性材料包裹绝缘线圈以增强磁场。假如加大电流，根据安培定律，磁场强度也会增加。运用这一基本概念，工程师们就能制造出电磁体，用于电脑配件的磁性存储设备，或在垃圾站吊起废铁，二者都是本集剧情的重要元素。

话题扯远之前，我们先来看看沃尔特为何坚持使用第二组汽车电池来为电磁铁供电。读完第五章，你应该已经大致了解了电池的工作原理，所以我将把这一理解提升一个层次，便于理解接下来的内容。最初，老乔已经连接了 21 个 12 伏汽车电池，为废车场电磁铁供电。因为这些电池是串联的——每个电池的负极连接下一个电池的正极，类似于小手电筒或无线键盘中五号电池的排列——电压加起来总计 252 伏。正如沃尔特这伙人测试的一样，这足以提供工业电磁铁所需的 230 伏电压。[1]

沃尔特还得考虑另外一组的 21 个并联电池。和串联电池（正负相连）增加可用电压不同，并联电池（正极与正极相连，负极与负极相连）可使容量翻倍（计量单位是安培小时），进而增加电磁铁的可用电流。正如前文所言，磁铁的磁场强度与可用电流成正比。沃尔特实质上是试图把电磁铁的可用强度增加一倍，确保完成销毁证据的任务。

但沃尔特的终极目标到底是什么？他真的只想粉碎证物室里所有可用的铁磁材料，指望靠这场混乱来破坏笔记本电脑？还是说想以此抹去电脑的磁存储信息？虽然暴力摧毁是不错的备选方案，磁抹除似乎是更聪明的法子……但这真能奏效吗？

现代计算机仍然沿用60年前的磁性存储技术——在磁化介质上存储数据——将数据存储在硬盘驱动器（HDD）上。当然，相较早期版本，现代硬盘已有了很大的改进。但是硬盘上的移动部分，也就是读取和写入数据所必需的部件，日常使用中依然很可能出现物理故障，更不用说一个疯狂科学家兼大毒枭尝试依靠强大的电磁铁抹掉硬盘中所有精心记录的数据。如果古斯塔夫·福林使用闪存U盘或固态硬盘（SSD），沃尔特要破坏这些非易失性存储设备上的信息，将会棘手得多。

假设古斯塔夫的笔记本电脑上用来存储监控录像的是更传统、更常见的硬盘，它会像信用卡的磁条一样被强大的电磁体轻易地抹去吗？（剧中，老乔确实警告过大家让信用卡远离磁铁影响区域，如果“不想关键时刻掉链子的话”。）

硬盘驱动器通过使用驱动器臂末端的读写头读取并记录数据。磁头在磁盘的磁性表面移动时——相距仅3纳米——会进入一个极小的（亚微米）区域，称为磁畴。在数据写入过程中，磁头利用可用电流对一个区域进行磁化，产生一个强的局部磁场；一个区域磁化与否就代表1或0，即计算机二进制代码的二进制位最小单位比特。在读取过程中，同一个磁头在控制器的帮助下检测给定区域是否磁化。这些小部件，加上高速和灵敏的磁操作，你可能会以为强大的电磁铁真的可以完全摧毁笔记本电脑的硬盘驱动器。

K&J磁力公司用他们公司的硬盘做了测试。将一个30吉字节（GB，又称千兆字节）的硬盘从电脑中取出，输入一行重复的文本后，技术人员在磁盘两侧放置了磁性很强的钕磁铁。[2]注意不要把磁铁放在读写头上，因为放磁铁的目的是破坏数据本身，而不是破坏读取和存储数据的磁头。换句话说，因为磁铁离硬盘更近，这种设置比沃尔特的方案更有可能导致数据丢失。然而，经过测试，所有文件都完好无损。

产生这种结果的部分原因是，硬盘驱动器材料的矫顽力（或抗退磁作用）足以防止消磁。只有当消磁器的磁场强度（单位为奥斯特）达到硬盘驱动器材料矫顽力的两到三倍时，才能实现消磁。[3]（用过老式阴极射线管［CRT］电视或计算机显示器的人，可能都记得利用消磁功能来“晃动”屏幕。此功能使电子管的磁场随机振荡，消除了由于接收强外部磁场而产生的任何变色。）

另一个影响因素是硬盘的外壳，外壳在一定程度上屏蔽了磁铁。笔记本电脑外壳就可提供额外的保护。显而易见的是，沃尔特不能直接在硬盘上使用消磁器，也不能登录笔记本电脑运行数据清除程序，而且即使计划得很好，用电磁抹除笔记本电脑上的数据也不一定行得通。剩下的最佳方案，就是暴力毁灭。

在实验中，虽然功能极其强大的稀土磁体没有破坏硬盘数据，但也极易扭曲驱动器的旋转盘片和敏感部件，如驱动器臂和读写头。即使没有强力磁铁额外施加压力，硬盘驱动器在读取 / 记录数据的过程中也会出现故障，这通常是在读 / 写磁头与盘片接触时造成的——这种毁灭性故障被称为“磁头碰撞”——或者由于执行器错误移动，产生“死亡点击”。如果这些相对小规模的损毁还不够的话，把证物里所有铁磁性物体都往钢筋混凝土墙上砸，破坏力就足以彻底摧毁计算机。

但这一切真的行得通吗？随后镜头拍到了证物柜中福林被毁的三星笔记本电脑，但硬盘是否还能用，我们只能相信“海森堡”的说法，既然他自己说证据已经被删除了，那就是了。

《绝命毒师》内幕：用好莱坞手法来处理这一情节十分有趣。首先，麦克必须关掉监狱的监控摄像头，然后才能实施疯狂的磁铁计划。为了做到这一点，他使用了一罐杀虫剂，或是杀虫喷雾——因为射程较远（20 英尺，约 6 米）。吉利根在相关播客中也证实了这一点。[4]

回到磁铁的话题，使用工业用消磁器的想法，部分来自吉利根本人，他在纽约蒂施艺术学院学习电影课程时，曾使用类似的设备来删除音轨。[5] 但说到磁场的物理原理，情况就陡然复杂了，我们可以看看用来计算磁场强度的毕奥 – 萨伐尔定律公式：[6]

$$\boldsymbol{B} = \int \frac{\mu_0 I}{4\pi r^2}\, dl \times \hat{r}$$

其中：

- $\boldsymbol{B}$ 表示磁通密度（矢量）
- dl 表示导线在常规电流方向上的微分元（矢量）
- r 表示从导线到磁场中所计算的点的距离
- $\hat{r}$ 表示从导线元到磁场中所计算的点的单位矢量

不过，这一集整体呈现非常出色，既普及了科学概念，又不拘泥于细节。以磁场强度随距离的衰减率为例，我们可以说，磁场强度的衰减要么是与距离的平方成反比，要么是与距离的立方成反比，具体取决于很多影响因素。剧中通过简单的视觉演示绕开了这一讨论，只让我们看到，笔记本电脑靠近通电的电磁体七八米远会完全失灵，然后飞起来撞向磁铁。

当然，在实际拍摄中，是用缆绳将笔记本电脑从杰西手中拉走，让它"飞"向卡车侧面的；后期制作时这条缆绳被消除了。在现实中，电脑显示器受到奇怪的吸力作用时可能不会出现图形像素化的预警，但至少这一集确定了电磁铁的有效范围之后，才在阿尔伯克基警察局付诸实践。

但这并不是《不自由毋宁死》这一集中唯一与磁性相关的剧情。即使剧中使用的电磁铁是合理的吸车磁铁，电视台的幕后短片中提到，特效人员还是不得不在垃圾车车顶下面加装了约 5 厘米、重达 1500 磅的磁板，才能用磁来提举。[7] 通常情况下，这些吸车磁铁移动的汽车已经被挤压成更易移动的形状。

在货车上看到的电磁铁是一个50磅重的泡沫仿造品，用来代替垃圾场需要的三吨半重的铁器。虽然证物室的一些外景是在真实的变电站拍摄的，但卡车最后停靠的墙、证物室的内部，和虚构的阿尔伯克基警察局处理证物的那些勇敢的人，都是剧中用到的障眼法（以及一点胶水和胶合板）。

副反应 #5：僵尸电脑

说到计算机科学，AMC的《电脑狂人》（*Halt and Catch Fire*）和《绝命毒师》有异曲同工之妙。不过，《绝命毒师》还有一个微妙的设计，展示了沃尔特的律师索尔·古德曼的聪明才智。

在第二季倒数第二集《涅槃》（Phoenix）中，沃尔特上高中的儿子小沃尔特展示了他的爱心捐献网站：SaveWalterWhite.com。（这个剧情实际上是从之前沃尔特的妻子斯凯勒在eBay上卖东西赚外快的情节中衍生出来的。[8]）小沃尔特的网站原本是为了众筹父亲的癌症治疗手术费用，也给了索尔替沃尔特不正当收益洗钱的完美平台。索尔在白俄罗斯的“黑客高手”通过将家用电脑变成“僵尸”电脑，持续匿名向这个网站发送小额捐款。虽然沃尔特对此有些难为情，但计划很成功。现实中也是如此吗？

早在2008年，美国国土安全部部长迈克尔·切尔托夫在就RSA安全组织的信息技术会议上承认这种风险是真实存在的。[9]虽然洗钱确实令人担忧，但更紧迫的网络犯罪包括通过垃圾邮件、信用卡盗窃和分布式拒绝服务（DDoS: Distributed Denial of Service）攻击，摧毁竞争对手的网站，向所有者勒索金钱或信息，发表政治和意识形态声明，甚至攻击关键的基础设施。僵尸网络——在所有者不知情或未经授权的情况下，被他人通过恶意软件控制的私人电脑网络——时至今日仍然是个难题。但小沃尔特的网站是否能够毫无破绽地洗钱，让沃尔特最终赚到数千万美元，仍然令人生疑。

趣闻实情：SaveWalterWhite.com 这个网址今天仍然有效，网站上的捐赠链接也是可用的，只是会链接到本剧的官方网站；在被评为美国最糟糕的爱心捐献网站之前，该网站还曾与一家癌症慈善机构合作。[10]

第七章　酝酿麻烦

唐娜·J. 纳尔逊博士

回到化学计量学的问题：30 加仑甲胺到底能制造多少冰毒？

这可能更适合作为普通化学课程的课后练习题，或者有机化学课的复习题。问题本身具有一定迷惑性，不能作为任何一门课程的考试题目。因为缺少关于反应物和试剂的附加信息，这并不是一个简单的化学计量计算题。

首先，我们需要用剧组选中的还原方法——铝汞还原法——来计算反应产量。诚然，铝汞还原法的确对演员记台词友好很多，却也模糊了其他相关信息，这是化学计量计算中最难的部分。通过深入的文献检索，我发现在 1964 年，铝汞还原技术在德国获得专利，用于甲基苯丙胺的商业量产，产量为 70%（理论上的最大产量的 70%）。实话实说，这项专利是用德语写的，这对其他科学家来说似乎是个挑战；幸运的是，我攻读博士学位的得克萨斯大学奥斯汀分校要求博士生学习两个学期的科学德语。

其次，沃尔特毕业于加州理工学院并获得博士学位，实验室技术一流，也有获得先进设备的途径，我们可以大胆假设他的反应符合文献中提及两个反应步骤的最大产量。如文献所示，在沃尔特的合成反应中，第一步的定量产量约为100%，第二步产量约为70%。

其三，一桶30加仑的甲胺其实是一种浓度只有40%的甲胺溶液，正如剧中所说，这种溶液可以在市面上买到。

那么，计算如下：

· 30加仑40%浓度的甲胺溶液＝约45.4升甲胺

·（45.4升）（0.66千克/升）＝约30千克＝约967摩尔甲胺

· 在70%的产率下，可得约677摩尔的冰毒

· ＝约101千克（但答案是以磅为单位）

· ＝约223磅苯丙胺类兴奋剂

我和编剧团队提过，大约有一半会被浪费，因为外消旋混合物*只有50%在人体内有强效作用，但他们并不在意这一点。

---

* 外消旋混合物（racemic mixture），是一种手性分子的左手和右手对映异构体数量相等的混合物。

得出以上结果后，我更感兴趣的是计算结果对剧情走向的影响；确定合成药物产量花费了大量精力。《绝命毒师》全剧中对细节严格把控，为保证科学严谨性不遗余力。不过，产量计算对剧本台词的影响微乎其微。在一个片段中，沃尔特用 223 磅这个数值来预计自己“在可预见的未来”再也不需要“制毒”了。在另一个片段中，沃尔特的妹夫，缉毒局探员汉克·施拉德，在谈论大量冰毒对毒品社区的影响时，说道：“整整 30 加仑的甲胺，如此大剂量，他们也不怕被人盯上？”

101/ 入门级

在我看来，奎宁酸的含量至关重要。你只想要每升咖啡中含 4800 毫克，但过度煮沸，单宁酸会被萃取出来……苦了，咖啡就难喝了。所以我抽了真空，可以保证温度不高于 92℃。

——盖尔·博蒂彻，第三季第六集《日落》

在《绝命毒师》中，并非所有剧情都围绕着非法物质的合成、消费和买卖。事实上，剧中还出现了一些常见药物；甚至有一些我们自己家可能也有。咖啡因——所有人青睐的早餐饮品咖啡或茶中都有——帮助我们提神醒脑，度过繁忙的工作日。同时，在紧张的 8 小时轮班或一周 40 小时繁忙的工作之后，酒精有助于放松身心（当然，前提是要适量）。严格来说，这些都算是药物。但与甲基苯丙胺不同的是，我们可以放心制造、消费和交易咖啡因以及某些种类的酒精，而不必担心警察找上门来。

《绝命毒师》中有两个角色涉及合法药物合成的非主线情节。一个是盖尔·博蒂彻，一位能力出众的有机化学家，专攻 X 射线晶体学，他在沃尔特的实验室做过短期的助理工作；当时他的次要工作是煮一杯完美咖啡，这也让他的形象更加鲜明。

《绝命毒师》内幕：盖尔·博蒂彻这个角色是以已故的奥斯卡提名导演巴德·博蒂彻的名字命名的。博蒂彻曾执导过 1951 年的影片《斗牛士》（*Bullfighter*）和《夫人》（*Lady*），以及《孤独之旅》（*Ride Lonesome*）和《科曼奇车站》（*Comanche Station*）等西部片。[1] 虽然大卫·科斯特比勒饰演盖尔的角色非常出色，但吉利根最初想到的演员是当时刚刚去世的菲利普·塞默·霍夫曼。[2]

缉毒局探员汉克·施拉德则靠逮捕各路毒贩为生，从当地街角毒贩到国际贩毒集团。在闲暇时间，他喜欢在家自己酿造啤酒解压，并称之为“施拉德特酿”（Schraderbräu）。盖尔喝咖啡的习惯并没有给自己带来麻烦。汉克就没那么走运了，过度加压的家酿啤酒差点让他心脏病发作。

在现实的科学中，盖尔制作完美咖啡的方法与汉克的啤酒瓶炸弹的确有一定的相似之处，所以我们可以把这些副线故事归为“基本正确”的一类。咖啡和啤酒的酿造过程是生活中最常见的科学案例，在此不一一赘述，只指出一点：二者都依赖于使用加热的液体从植物原材料中提取所需的化合物，无论是咖啡豆、大麦麦芽，还是用来生产啤酒的啤酒花。这听起来有点冷冰冰的，尤其是，有人认为酿造这两种强效饮料都更像是艺术而非科学。不过，了解酿造过程中的许多原理，能让你少走弯路，制造出完美的咖啡和啤酒。

但是盖尔那套精密的咖啡萃取装置的原理是什么呢？究竟是什么原因导致汉克的啤酒瓶爆裂？这是现实生活中存在的问题，还是好莱坞戏剧化的结果？我将再次从物理学中寻找答案。

进阶级

说到完美的咖啡，人人都能评论两句，人人都是专家。（如果想拥有完整的感官体验，在阅读本章时，不妨喝上一杯。）这个问题其实很主观，完美咖啡可以是一杯自制的速溶咖啡、一壶当地餐厅最好的咖啡（当然是黑咖啡），或者街角连锁店里酷似甜点的饮料，都可能是你眼中的完美咖啡。

一杯上好的咖啡，苦味也是整体风味的一部分。苦味能缓和酸度，体现在低的层次上，可增加口味的丰富度；但在更高的层次上，苦味会压倒其他味道。（从进化的角度来说，人类对苦味相当敏感，因为苦味意味着食物可能有毒。）人的舌根部味蕾与苦味化学物质接触，就能感知到苦味。这种苦味物质恰好是咖啡制作过程中的副产品，这个过程又被称为“萃取”。“萃取”是一个听起来更科学的术语，说白了就是将咖啡渣放入热水中，将其香味化合物溶解成可饮用的咖啡。从传统的法式压滤机到现代的高科技咖啡机，这都是日常可见的过程。过度提取会产生更多的天然苦味化合物，如咖啡因、葫芦巴碱、糠醇和奎宁酸等。盖尔·博蒂彻最在意的是奎宁酸。[3]

下面有几种方法无需盖尔的复杂设备也能减轻咖啡里的苦涩味：

· 为了避免过度提取苦味化合物，咖啡一煮好就立即分离咖啡渣，法式压滤机原理即是如此。

· 同理，咖啡豆研磨太细太均匀的话，会萃取更多的咖啡豆化合物，这样做有好有坏，研磨得太细会增加咖啡的苦味。

· 用“金发姑娘法”来调整冲泡水的温度：太热的话，提取的化合物会过苦；太凉的话，就会提取不到用来抵消咖啡苦味的芳香化合物。最佳提取温度为 90.5℃到 96.1℃。[4]

水很容易被忽视，却又是冲泡过程中必不可少的成分；煮咖啡最好使用硬水或软水，而不是蒸馏水，因为水中的矿物质——尤其是镁——有助于提取并能改善味道。[5]每个人的口味偏好可能因烘焙方法的不同而有所差异。但如果不喜欢苦涩味，就试试中度烘焙；无咖啡因的咖啡不那么苦，但对大多数咖啡爱好者来说，这是无法接受的。其他快速补救措施包括：确保煮咖啡的器具洁净，没有残留物；用滴滤或虹吸系统代替法式压滤机；使用新鲜的全豆咖啡，当然，还可以加点糖，增加甜味。

盖尔是个极其挑剔的人，但不妨假设他已经掌握了以上所有技巧。不管怎么说，当他煮完咖啡后，潜台词似乎是："苏门答腊咖啡豆，研磨功夫也了得。"但要制作一杯完美咖啡，盖尔在意的最后一个关卡，是奎宁酸。

正如前面提到的，奎宁酸是咖啡的一种成分，这是造成苦味的部分原因，此外还有酸味和涩味（通常与苦味混淆，涩味实际上是一种干燥、让舌头发紧的口感）。奎宁酸是塔拉单宁的一种，因存在于南美和北非野生的塔拉树（*Caesalpinia spinosa*）中而得名。盖尔推荐的奎宁酸浓度与焙烤咖啡中 3200—8700 毫克 / 升的浓度一致；然而，它的味觉阈值仅为 10 毫克 / 升，因此，不需要花时间就能尝出这种化学物质的存在。

因此，盖尔想在不破坏其他风味化合物平衡的情况下，微调最后一杯咖啡中奎宁酸的含量。对此，盖尔指出不可过度沸腾，简单来说，就是将水加热到沸点（100℃），然后稍微冷却以便萃取。这听起来很有道理，因为温度过高会过度提取多余的单宁。理想状态下，你需要让水在较低的温度下沸腾，这样才能达到两全其美的效果，但这难道不违背已知的物理定律吗？

一点也不！科学常识告诉我们，通过调整变量，可以改变结果。盖尔利用物理学知识，通过降低密闭冲泡系统的压力来创造真空环境，让水在较低的温度下沸腾，最终做出了一杯完美的咖啡。这是要归功于蒸汽压的作用，蒸汽压是指在一定温度下，封闭的系统中物质的气相对下面的液相或固相施加的压力。在标准大气压（1 个标准大气压或 101.3 千帕）下，水的沸腾温度是 100℃。换句话说，随着水的温度上升，水分子的动能增加，更多的水分子蒸发，水就开始沸腾。液体的沸点是指其蒸汽压达到大气压力时的温度，所以当周围压力较低时——如在高海拔条件或真空下——液体沸腾的温度也较低。这就是盖尔煮咖啡时使用真空环境的原因。

然而，盖尔的科学怪人式咖啡制作装置，本质上相当于真空回流 / 蒸馏装置，类似于虹吸壶，这种过于复杂的组合很可能根本无法正常工作。

正常情况下虹吸装置要用到一个沸腾烧瓶，通过管子——配备只让液体流过的过滤器，稍后你就会明白其用处——连接到盛装磨好的咖啡粉的容器。加热元件将烧瓶中的水煮沸，水通过管子向上流动，冷凝后向下进入收集容器，从研磨好的咖啡粉中萃取出所需的化合物。一旦水沸腾并到达收集容器，就撤去沸腾烧瓶中下面的热源。烧瓶冷却后会产生真空，通过管子将煮好的咖啡从收集容器中吸回烧瓶。接下来，滤纸就派上用场了——防止咖啡渣进入成品咖啡！（注意：不应混淆用于虹吸咖啡的真空与盖尔在较低温度下煮沸水的真空。二者用途不同。）瞧！这样，就能利用物理知识获得一杯完美咖啡。

与之不同，盖尔的咖啡制作装置是这样搭建的：将一个高压釜（一种利用高温高压进行消毒或溶解的设备）连接到真空泵，真空泵再连接到冷凝器。冷凝器嵌套在一个锥形烧瓶里，下面放置一个加热板。冷凝器的顶部与T型接头相连，T型接头可以收集蒸馏液，然后将蒸馏液滴入金属筒中。这个金属筒似乎还收集盖尔的苏门答腊咖啡渣，因为从容器底部延伸出来的管子里有煮好的咖啡。管子的另一端连接到沸腾烧瓶，而烧瓶中的液体又通过另一个金属圆筒流出（我想不出它的目的）。最后的成品咖啡被收集到一个大容器中，这看起来有点像滴定管（滴定管通常是有刻度的，用于滴加一定数量的液体；但这个没有）。如果你还是一知半解，不要担心，这一切放在屏幕上看起来让人大开眼界，但不用说，几乎毫无意义。

整个装置在第一步设置了双锅炉系统，实属多余。首先，水在高压釜内的真空里煮沸，收集在冷凝器中，又在锥形烧瓶中再次煮沸。虽然将高压釜用作水壶合情合理，但这绝对不是高压釜原本的用途。若在真空环境下烧水是为了降低沸点，那么在处于常压下的锥形烧杯中将冷凝水重新加热时，此前的工作都白费了。

第二个错误是与冷凝器本身的连接。这台设备的功能是让冷凝管中的蒸汽接触较冷的表面——通过外围夹套中循环的冷水或冷空气来实现——以便使蒸汽冷凝，形成液态。冷凝器的输入和输出端之间的循环是为了供应冷水，本身不是为了煮咖啡。所以这种设计完全是多此一举，不过看起来很酷。

下一步来到实际的萃取步骤，这里有一个“黑盒子”。这个金属圆筒是一个重力滴滤系统还是某种过于考究的法式压滤机？我猜是前者，因为蒸馏水理应滴入这个容器，而且也看不出有什么机制能将萃取的咖啡同咖啡渣分离开来。

另一个问题在于，这个令人费解的装置如何与平底烧瓶连接。平底烧瓶是一种用来盛装、煮沸和混合液体的玻璃器皿。在剧中场景里，烧瓶就在那儿放着，大概用于收集咖啡……咖啡也只是放在那儿，因为没有热源来蒸馏（你可能没想到），也没有任何机械装置将其与收集容器连接。在烧瓶和最终收集容器之间还有一个难以辨认的金属圆筒，要说是一个泵，位置又不对；泵的工作原理是推动液体，而不是将液体从容器中抽出或“吸”出来。如果说这个圆筒是为了像虹吸壶一样将煮好的咖啡吸出来，这样的设计可能依然无效，因为没有空的冷却容器产生真空把咖啡吸过来。不过，你大可自己在家里制作一台虹吸咖啡机，这样就能煮出一杯完美咖啡，以你高超的咖啡冲泡知识力压可怜的盖尔·博蒂彻。

当然，这并不是咖啡在《绝命毒师》中最后一次出现，却是唯一一次从科学上来深入讨论。我只希望最古老的奠酒——啤酒，在剧中获得和咖啡一样的重视。幸运的是，汉克·施拉德对这种强效饮料情有独钟，不忙着缉拿毒贩和贩毒集团成员时，他都会抽时间躲在自家车库酿造啤酒。

“捐款最多的，奖励一箱六瓶装自酿啤酒，自酿至柔顺滑完美。”
——汉克·施拉德，第二季第十三集《阿尔伯克基》

我是想尽可能缩减关于酿造本身的讨论，但真的很容易发散开去，沉浸于小麦和大麦之中。在家酿造啤酒很容易（且合法），不过要做精通家酿技术的大师，就必须彻底搞懂啤酒制作过程中的所有科学。其中包括植物学、生物学、化学、生物化学、物理学、微生物学和工程学，各学科共同作用，成就一品脱完美的啤酒。

缉毒局探员施拉德在家酿造自己的品牌啤酒，无需掌握以上所有领域的知识，只需要具备基本常识，并在整个过程中留点神，就能避免新出炉的啤酒变成“酒瓶炸弹”——很通俗的说法，指的是突然爆炸的啤酒瓶。这是一种由多种原因造成的真实现象，稍后会探究，剧中对此的展示恰如其分。

汉克的居家酿造爱好是其性格中有趣又机智的一面。他白天（和大多数夜晚）忙于追捕毒贩，这是一份压力巨大、肾上腺素爆表的工作，常常使他成为某些顶级危险人物的目标。即使没有卷入沙漠枪战或躲避贩毒集团成员的爆头，每天也要处理非法制毒及其造成的人身和社会损害。有趣的是，汉克的缓解方式——如果你愿意的话，可以称之为解压阀——是一种曾经被美国联邦政府明令禁止的爱好。尽管汉克的家庭酿造行为似乎是合法的，我更倾向于将此视为他的小叛逆（抽古巴雪茄亦然）。剧中镜头生动呈现了汉克的家用酿造设备，类似的细节展示还包括沃尔特和杰西的房车实验室、古斯的超级实验室，以及盖尔的咖啡机。

沃尔特是位一丝不苟的化学家，在制毒时似乎从来不会出错。相比而言，在第二季第五集《损耗》中，汉克则是一个心烦意乱的居家酿酒师。荣升缉毒局阿尔伯克基办公室的助理特别探员主管后，汉克请了一天假，想在家酿制啤酒缓解压力，压制自己的惊恐发作。不幸的是，很快就大事不妙。那天半夜，汉克被打碎的玻璃和类似枪声的声音惊醒，误以为是入室抢劫，拔枪前去查看，却发现自酿的啤酒才是罪魁祸首，啤酒瓶在大晚上爆炸了。

这是怎么回事？正如我提到的，不论是买来的啤酒，还是自家酿造的啤酒，“酒瓶炸弹”事件都有可能发生，但不常见。工业酿造过程从设计上尽可能避免了损耗——既包括字面上的“损耗”，也包括更广泛意义上的浪费和收益损失。大多数家庭酿酒师很早就从“酒瓶炸弹”经历或从同伴那里吸取了教训。居家酿造过程有五花八门的出错方式，但也有数千年的酿造经验可供借鉴，保证一切顺利。汉克甚至提到2006年圣诞节时就和妻子畅饮过一批自酿啤酒了。显而易见，汉克已经深谙此道。

从《损耗》这一集给出的少量证据来看，“酒瓶炸弹”有三种可能的解释：啤酒受到污染，导致碳酸气过量；玻璃瓶本身的结构问题；或酿造过程中产生过量碳酸气。以上我将依次讨论，从最不可能的，一直到最有可能的。

亲爱的读者，如果读完本书，除了我想要传授的知识之外，你毫无收获，那么我就算大功告成了。说到啤酒中的异物，大多数家庭酿酒师称之为“感染”，这并不准确。感染是致病因子对机体组织的入侵。污染是物质或环境中出现不需要的成分或杂质。作为易受疾病影响的活生物体，谷物的茎秆、单个酵母细胞和人体都可能受“感染”；咖啡、啤酒甚至冰毒则可能被污染，因为这些物质在生产中对成分纯度要求极高，要避免掺杂其他成分。

既然已经跑题了，那就继续谈谈啤酒污染吧。啤酒在酿造过程中，随时随地都可能受到污染，从农田里生长的谷物，一直到盛啤酒的杯子。很遗憾，污染不可避免，但庆幸的是在整个过程可以采用许多措施尽可能减少污染，可接受范围内的污染也不会影响成品的口感。

至于汉克遇到的麻烦，种种可能都指向污染这一罪魁祸首。有可能是酒瓶里存在某种污染物，如啤酒瓶没有清洗干净，经过化学或物理反应导致碳酸气过量。啤酒装瓶后，即使酿造过程大体已完成，酵母仍然会继续代谢现有的糖分，产生风味化合物、酒精和二氧化碳。啤酒瓶内的液体和蒸汽中都充满二氧化碳，这就是为什么打开瓶盖时能听到美妙的声音，在饮用时又可体验美味的气泡。然而，啤酒瓶或玻璃本身的污染创造了一个不光滑表面——称为“汽化核心”——由此形成过量的二氧化碳气泡，可能使内部压力增加至瓶子爆裂的水平。

有一种臭名昭著的小麦及大麦真菌，叫作小麦镰刀菌（*Fusarium graminearum*）。它能感染（用在此处是恰当的）谷物，导致枯萎病，还会产生一种名为脱氧雪腐镰孢霉烯醇（又名呕吐毒素）的真菌毒素。这种菌素对畜牧业来说是个棘手的难题；但涉及啤酒酿造时，这些颗粒——通常被称为疏水剂，因其“怕水”的性质而得名——会产生一种更恼人却并不危险的结果：过量的啤酒泡沫，或者说“喷涌”现象。[6] 只要你打开瓶盖，这种现象就显而易见，但通常情况下并不会导致瓶子爆裂。因此，虽然汉克有可能使用了一批含有真菌毒素的坏谷物，污染了啤酒，并最终导致酒瓶爆裂，但仍存在其他更有可能的解释。

第二个更有可能的原因与啤酒瓶本身的结构有关。家酿发烧友们重复使用啤酒瓶子的行为常常被诟病，这的确可以降低成本，但也向更多的污染物敞开大门。重复使用或简单粗略地处理酒瓶，可能会损害瓶子内部结构。啤酒瓶是一种精心打造的小艺术品，其设计需考虑内部压力，易于制造，且能阻挡不同波长的光，此外还要兼顾外观、耐用性和完整性等诸多因素。相比棕色玻璃瓶，绿色或透明玻璃瓶更易让紫外线通过，从而使酒花中的光敏物质产生风味。不同厚度的瓶子适应不同碳酸含量的啤酒，较厚的瓶子用于浓度更高的啤酒和相应的二次发酵工艺。（下次要是拿到一瓶香槟，在打开软木塞举杯欢庆之前，注意一下它有多厚，有多重。你会更欣赏这个瓶子的设计，其抗压水平大约是汽车轮胎的三倍。）

这些酒瓶的缺陷可能会让一切精心设计功亏一篑。在制造过程中，玻璃本身会产生裂缝、碎屑、划痕和气泡等缺陷。在生产、运输、处理都会产生类似的缺陷，当然，在家庭酿造过程中也会由于工作引起的恐慌症和妻子玛丽善意的关心，汉克在制作最新一批特酿时异常焦虑。我们甚至看到，汉克在拧瓶盖时用力过猛，把瓶口打碎了。也可能汉克买到了一批本来就有缺陷的残次酒瓶，一开始就注定失败，又或者他现有的瓶子是在家庭酿造过程中损坏的。然而，许多酒瓶炸弹爆炸事件表明，有更系统的因素在起作用，而不仅仅是因为瓶子整体结构改变了。

我猜，这位经验丰富的家酿发烧友刻意提高啤酒碳酸含量至过高水平。这就解释了为什么不只是一瓶，而是几乎一整批都爆炸了。当然，也可能是汉克在焦虑状态下给酒瓶封盖，施加了过多的压力；甚至有可能是一场完美的风暴：污染、结构缺陷和碳酸气过量凑在一起，引发了酒瓶爆裂。不过，我们可以把酒瓶爆裂主要归因于单纯的过量注入。

装瓶是家庭酿制过程的最后一步。在此之前，采购谷物和啤酒花，浸泡谷物，煮沸麦芽汁并加入啤酒花，冷却发酵麦芽汁，装进发酵罐，添加酵母并放置两周，啤酒就可以装瓶了。显然，要考虑的步骤很多，可能出错的地方也很多，但是我将把汉克遇到的麻烦归咎于下一个最重要的步骤：装瓶。

在装瓶前，通常会将制造碳酸的葡萄糖溶于沸水加入啤酒中。葡萄糖使残留的酵母菌吸收糖分，产生二氧化碳和微量酒精。这一步要求准确的时间和适当的测量，任何一处出错都有可能制造出酒瓶炸弹。如果汉克试图在初级发酵完成之前装瓶，在混合物中加入更多的糖会产生比预期更多的二氧化碳，导致酒瓶在半夜灾难性地爆裂。同样，如果过量注入，超过推荐量（每加仑啤酒中 0.4 至 1.1 盎司白糖），而酒瓶又不能承受更大的内部压力，那么他就是在亲手给自己制造灾难。[7]

在剧中，区区几个酒瓶的爆炸充其量打破了汉克内心的平静。但我们也听到这样的传闻：半加仑装或一加仑装的“大家伙”因为内部压力过大而爆炸，偶尔还会发生奇怪的意外，导致酒桶爆炸（不过后者与正常条件下啤酒相对较低的压力无关）。显而易见，酒瓶内的压力逐渐增加，映射了汉克内心压力爆棚。幸运的是，在后面几季，我们可以看到他要比那些啤酒瓶更为顽强。

“施拉德特酿”到底是一种什么样的啤酒呢？一些人猜测是一种拉格啤酒，另一些人则持不同意见，因为汉克把酒瓶放在工作台上，而不是放在冰箱里。在低温环境下（比如 4—10 摄氏度），拉格啤酒酵母比艾尔（麦芽）啤酒酵母发酵更慢，所以这些啤酒需要冷藏才能正常完成发酵。（拉格啤酒的名字来源于德语单词lagern，意思是“储藏”。）但汉克很可能是2008年11月下旬——至少根据非官方的《绝命毒师》时间表来看是这样——在阿尔伯克基一间车库（大概并没有温度控制）里酿制这批啤酒。此地平均温度为8.3摄氏度，很适合窖藏拉格啤酒。

正如之前所讨论的，汉克的酒瓶炸弹也可能是碳酸气过量造成的。这种情况更可能发生在艾尔啤酒而不是拉格啤酒中，因为其发酵速率更快，发酵温度更高。由于汉克的自酿啤酒命名听起来像德语的Schraderbräu，我猜他正在酿造一种经典的德国科隆啤酒（Kölsch）。（我无法解释徽标中汉克的夏威夷衬衫、花环或“hang ten”* 手势，但至少剧中的德国啤酒杯说得通。）科隆啤酒在温暖的环境下由麦芽酵母发酵（这更可能导致碳酸气过量），的确更符合剧情需要。不过，汉克的啤酒也是冷藏保存的，他在阿尔伯克基冬天的工作环境可以印证这一点。事实证明，汉克的自酿啤酒比海森堡的制作过程更神秘，其配方永远不会揭晓。不管怎样，下次在品尝新酿制的啤酒时，记得为缉毒探员施拉德倒一杯。

《绝命毒师》内幕：正如作家莫伊拉·沃利－贝克特在《〈绝命毒师〉内幕》播客中透露的那样，汉克唱的歌曲“Schraderbräu”

---

* “hang ten”原指冲浪中的一种动作，后来引申为在危险或有挑战的状况中全速前进。

实际上借鉴了古老的Löwenbräu啤酒广告曲；音乐总监托马斯·戈卢比奇购买了这首歌的版权。为了防止无法购得歌曲版权，瑞典导演约翰·伦克还教迪恩·诺里斯唱了一首有200年历史的瑞典饮酒歌曲。这两首歌在第二季第五集《损耗》里都用到了。[8]

扩展信息 #6：玛丽，它们是矿石啊！

汉克的家庭酿造嗜好因为恐慌症而告终后，他找到一种相对更安全，而且个人认为更世俗的消遣——收集石头（准确来说是矿石）。汉克对矿物学的痴迷始于和“兄弟组”（莱昂内尔和马可·萨拉曼卡，孪生兄弟、卡特尔的杀手）的枪战。汉克虽然幸免于难，但双腿暂时瘫痪，卧床不起，双手倒是得空培养新的兴趣。演员迪恩·诺里斯并不是完全理解这个爱好对汉克意味着什么，但他说：“给这些矿物分类让他在混乱的生活中找到了一些秩序。”[9]

矿物是自然形成的化合物，各自有特定的化学成分，其原子和分子高度有序，形成晶体。让汉克妻子不爽的是，已知的矿物大约有5300种，这给汉克提供了大量可供研究和收藏的对象。（不过，他确实用假的矿物大会来掩盖后续调查工作。）另一方面，岩石可能由多种矿物质组成。

汉克研究的矿物包括菱镁矿的样品，又名碳酸镁（$MgCO_3$）——其颜色从无色到淡黄色，再到淡紫色——以及蔷薇辉石（$MnSiO_3$）。在第四季第四集《弹点》中，汉克正确地将后者定义为“硅酸锰”，这是种高级说法，表示这种矿物是由锰和链状结构的硅酸盐类组成。他还向沃尔特解释，就像铁生锈一样，锰氧化时会变成粉红色。化学大师沃尔特丝毫没给新晋矿物学家汉克留情面，大谈锰的氧化态“在 -3 到 +7 之间，它会呈现一系列颜色”，其中“+2 为最稳定的氧化态，此时为淡粉色”。也许沃尔特是对的，但他的谈话技巧的确需要改进。

从汉克对结晶矿物的研究，可以得出许多与他对结晶冰毒的调查相关的推论；说到底，这并不是一个主线情节。如果干掉海森堡，汉克也许会更开心。但结局很明显，他一门心思把玩矿石可能是更好的选择。

化学Ⅱ

欢迎回到《绝命毒师》的化学世界！我们已经具备关于元素及其粒子的基础知识，也知道了化学在错误的人手中会如何迅速变得致命，现在是时候来点更高级的内容了。在课堂上，沃尔特渊博的化学知识让他如鱼得水；在犯罪世界里，化学也成为海森堡武库中的一项重要技能。当然，这些知识主要为他提供了源源不断的甲基苯丙胺和不断累积的现金财富，这是《绝命毒师》的一个重要情节。但是正如化学可以创造全新的化合物，它也可以毁灭一切。

在本章中，我将分析海森堡的疯狂科学更具破坏性的一面，并回顾粉丝们最喜欢的爆炸物——雷酸汞和轮椅炸弹——看看荧幕上的化学反应是否真的达到了它的潜力。我还会揭露用铝热剂拼凑出工业强度的自制开锁器的漏洞。最后，我将探讨剧中常用的化学物质氢氟酸，解释酸的基本原理。现在情况稍微有点棘手了。

第八章　爆炸物：雷酸汞和轮椅炸弹

唐娜·J. 纳尔逊博士

最初，人们对《绝命毒师》的态度存在严重的两极分化，到剧集完结时，情况有了转变。

在第一季中，似乎鲜有科学家知晓这部剧。到第二季时，一切都预示着这部剧会大获成功。这部剧五季在“烂番茄”网站上的评分足以量化它的受欢迎程度；到第二季播出时，好评度已经高达100%，并且在之后的几季一直保持这个水准。

2008年，《化学与工程新闻》上刊登了一篇关于该剧的文章，引起了科学家，尤其是化学家们的关注。大多数看过这部剧的科学家都给予了积极的评价，尤其赞赏这部剧的科学性。

在某种程度上，当科学家们对这部剧持极端意见时，其态度与年龄相关。我收到的少量关于我参加这部剧制作的负面评价几乎都来自年长的科学家。一些化学家在学会的会议上表达了自己的担忧，还有两封信直接寄到我的办公室。他们都担心这部剧可能损坏科学家在公众心中的良好声誉。然而，他们忽视了一点：公众对科学和科学家的认知大多来自好莱坞，为了改变好莱坞描述我们的方式，我们科学家需要和他们合作，也无法选择或决定合作形式。

相比之下，年轻学生们，尤其是理科生，对这部剧的喜爱始终未变。在我执教的大学，学生们会过来跟我聊天，咨询与课程和专业相关的问题，不单是理科和工科学生，也不乏商科和教育专业的学生。我不明白一个有机化学家就商业提案提什么意见，但学生坚持说有关系。他们要和我合拍照片，我都尽量满足了。

最令我惊讶的是，有些学生在高中的时候因为追剧迷上了科学，并且兴致勃勃地开了自己的科学博客。他们发邮件问我一些问题，这样就可以作为博客的开篇贴。我也总会提供帮助。

101/ 入门级

《绝命毒师》中最高光的片段是两个极具特色的爆炸场景。在两个不同的场景中，沃尔特利用化学知识制造了炸弹，在危急关头占了上风：一个用作与毒枭屠库·萨拉曼卡的谈判筹码，另一个用来杀死令人生畏的毒枭古斯·福林。要充分了解爆炸物的强大威力，必须先聊聊其化学成分。

自 9 世纪中国发明用于采矿和军事用途的黑火药以来，炸药已经存在很长时间了。爆炸物可以定义为能通过化学反应将蕴含的大量能量以强烈的光、热、声波和压力的形式瞬间释放出来的物质，这种现象也被称为爆炸。爆炸物的能量比燃料要小，但这种能量释放的速度要快得多。在化学炸药中，能量以化学能的形式储存在原子之间的化学键中。

在第一季第六集《空手套白狼》中，沃尔特向学生们提到，化学反应涉及两个层面的变化：物质和能量。（无论我们谈论的是制造冰毒、爆炸反应，还是沃尔特蜕变成海森堡，都要铭记“改变”这个主题。）物理学的分支热力学，能很好地解释热和温度与能量和功的关系。但在本节中，我们将重点讨论剧中的化学混合物。循序渐进的化学反应可以缓慢进行或者产生难以察觉的能量变化，而爆炸反应的结果完全相反。用化学术语来说，在爆炸反应中，反应物转变成更稳定的产物，与此同时释放大量的热和气体，并伴随着巨大的声响和冲击。对于像雷酸汞一样敏感的化学爆炸物——由于其高度敏感性，在正式使用前，这种化合物通常储存在水下以防止自爆[1]——很容易就能触发爆炸反应并释放储存的所有能量。

在这一集里，沃尔特在课堂上介绍爆炸化学品时，提到了雷酸汞，真是绝妙的伏笔。这种听起来很奇妙的物质是典型的起爆炸药，可以在没有太多外部刺激的情况下通过冲击、热或电等引爆。在这一集后半段，沃尔特就是靠手上这种特殊的爆炸性化合物控制了毒贩屠库·萨拉曼卡一伙。他仅用了相对较少的剂量（50克）就达到了目的。为了引爆炸药，沃尔特把雷酸汞像摔炮一样扔到地上，那些“新型噪声制造器”落地时只发出一点爆破声，但沃尔特一下子震碎了屠库老窝的窗户。

尽管雷酸汞是一种非常敏感的起爆炸药，但《绝命毒师》中的描述与这种化合物实际的外观、效力或敏感性并不相符。不单是造成皮外伤，剧中看到的爆炸规模肯定会伤及房间里的每个人，也会让众人暴露在有毒的汞粉尘中。很抱歉，海森堡。(《流言终结者》有一期特别节目把这个场景分解得细致入微，如果你想进一步了解幕后的科学，可以看看这期节目。[2])

沃尔特的爆炸实验并没有就此结束。整部剧中最令人震惊的时刻之一，是沃尔特让两大对手鹬蚌相争，一石二鸟，一举除掉古斯和萨拉曼卡。这一次，沃尔特的目的不是恐吓或分散注意力，而是彻底的死亡和破坏。

在第四季第十二集《世界末日》里，沃尔特收集冰袋中潜在的爆炸性化学品，并与普通植物油结合，这样加热煮沸后，就会产生起泡的木炭色油泥。接下来，镜头扫过厨房台面上的金属罐，沃尔特正在修补一块电池供电的电路板，当他按下对讲机上的按钮时会产生火花。这些疯狂的操作是在干什么？当然是自制管状炸弹！沃尔特在厨房进行的小规模测试足以触发少量引爆化合物，但真正的大爆炸出现在第四季结局《半脸》中。

可以说，沃尔特自制了铵油炸药。铵油是一种精确混合的化合物（稍后将详细介绍），可以制造一种廉价而可靠的炸药，广泛应用于各类工业生产活动。有时这种化学物质也被用作非法用途——重申一下，这不是本书的用意。沃尔特把炸药放在一个金属罐里，制成管状炸弹，然后把它绑在赫克托·萨拉曼卡的轮椅上，真是凶恶之极的做法。（编剧们特意在爆炸发生后的广播新闻报道中强调被炸死的“只有”三人——古斯、他的助手泰瑞斯·凯特和前贩毒集团高级成员赫克托·萨拉曼卡——避免了任何附带伤害。）

我们可以假定化学大师沃尔特·怀特能够轻而易举制造一批雷酸汞，或弄清铵油炸药的化学成分和混合比例，但要弄清是什么让他的这些化学混合物如此致命，我们还得深入研究。

进阶级

雷酸汞

爆炸物产生反应的速度越快，变化速度越快……爆炸产生的威力就越大，雷酸汞就是个绝佳的例子。

——沃尔特·怀特，第一季第六集《空手套白狼》

让我们从雷酸汞的化学性质谈起。雷酸汞也被称为雷汞，化学式为$Hg(CNO)_2$。使用过老式温度计的人，对水银应该不陌生，所以可能只有“雷酸”是个新词。其英文“fulminate”来自拉丁语*fulmen*，意思是“闪电”，当动词使用时，意思是爆炸或引爆；而作为一个化学术语，特指含有雷酸根的爆炸性盐。因其结构特征，雷酸根在热力学上是不稳定的，以汞（Hg）为中心原子，会产生不理想的形式电荷——成键电子在原子间均等共享而分配给各个原子的电荷。[3]

换句话说，它是一个不安分的小分子，竭尽全力要达到更稳定的状态，即使这意味着只要轻微刺激它就会释放爆炸性的能量。爆炸反应的可能产物包括单质汞、一氧化碳、二氧化碳和氮，它们在热力学上的稳定性比雷酸汞本身要高得多。

1800年，爱德华·霍华德用汞、硝酸（HNO_3）和乙醇（C_2H_6O）组合，研制出雷酸汞[4]。这种白色粉末——并不是像沃尔特的冰毒仿品那样的晶体——可以用作起爆剂。老式的雷管和雷管中常使用雷酸汞来触发其他威力更大但不太敏感的爆炸物，即次级爆炸物。雷酸汞对摩擦、冲击、火花和热极其敏感，是充当该用途的理想材料。

雷酸汞的化学加工已经很成熟，研制雷酸汞对沃尔特来说也应该易如反掌。不过《绝命毒师》的制片人文斯·吉利根在《流言终结者》中提到，沃尔特有可能加入更不稳定的雷酸银来制造更强的爆炸效果。[5]这种相对易爆的化合物用途有限，因为雷酸银敏感性极高，大量聚合必然自行引爆。不过，雷酸银被用来包裹烟花、鞭炮或圣诞拉炮中的粗砂，这些新奇玩意儿中含有极少量雷酸银，没有什么危害。不过，沃尔特所谓的“化学调整”绝非如此简单。

为了引爆伪装成冰毒的雷酸汞样本，沃尔特用尽全力把炸药扔到屠库老窝的地板上。不幸的是，正如《流言终结者》团队所展示的那样，沃尔特必须使出超人的力量把炸药扔下去才能达到预期效果。事实证明，即使用机器人投掷手臂也无法让炸药在撞击时爆炸。[6]这就是为什么现代雷管和爆破帽使用电火花作为更可靠的起爆装置，尽管两个多世纪前爱德华·霍华德就发现，用锤子敲击“3 到 4 粒”这种材料时，“会产生一种惊人的恼人噪音，锤子和铁砧的表面也都会产生很多凹痕”。[7]

这个吸引人的古早描述引出了剧中场景背后的另一个知识点：雷酸汞的爆炸潜力。在这一集中，沃尔特的炸弹炸裂了屠库老窝的窗户，空调从高处落下，沃尔特和黑帮成员们站在硝烟中。不过沃尔特使用了 50 克结晶粉末——远远超过了霍华德设定的量，产生的噪声也远不止“一种惊人的恼人噪音”——《流言终结者》再次粉碎了这个好莱坞式的小伎俩。[8]

虽然在测试中 50 克雷酸汞确实产生了震荡爆炸，但并没有炸掉模拟场景的窗户；当把量加到 250 克，其威力完全摧毁了节目中临时搭建的建筑。也许吉利根之前提出的在混合物中添加雷酸银的主张可以弥补爆炸效果的不足，但最终是否能行还是很成问题。因为沃尔特和黑帮成员们可能都无法毫发无损地离开爆炸现场。

《流言终结者》中提到，尽管50克雷酸汞的震荡冲击波不足以炸开窗户，却足以伤及目击者。[9] 换句话说，即使沃尔特的50克样品由于雷酸银的作用而威力大增，他也必然受到爆炸的冲击。在剧中并未出现这种情况，沃尔特毫发无损地与屠库完成谈判，带走了炸药包和5万美元现金。然而即使沃尔特能在爆炸中幸存，在处理这种特殊易燃物时，也存在其他潜在危险。

雷酸汞除了具有爆炸性外，燃烧时还能释放出氮氧化物的有毒烟雾和雾化的汞盐。所以即使沃尔特的自制炸弹没有骗过毒贩，至少也可以从长计议，用长期呼吸系统疾病和汞中毒威胁他们。当然，这样的结局冲击力大打折扣。这就是好莱坞模式存在的意义。

《绝命毒师》内幕：吉利根和编剧们深知海森堡不可能通过武力或者枪战击败屠库团伙，所以只能借助他的超级反派技能：科学！显然，他们并没有在现场使用真正的炸药。相反，在演员和工作人员被转移到安全距离后，特效技术人员使用一种品牌名为PRIMACORD的引爆索来引爆。他们实际上控制了拍摄出的爆炸威力效果，赋予角色更令人信服的战斗力。

事实上，演员布莱恩·克兰斯顿甚至没有朝地板上扔任何东西。一架特制的摄像机装置，再加上一点道具技巧，就实现了这个慢动作镜头。这个装置使用一个平台将演员抬高到摄像机上方，同时将摄像机镜头放置在一片透明玻璃或有机玻璃后，产生从较低的角度或透过有机玻璃仰视的效果，这种拍摄技巧贯穿整个剧集。如果重温这个场景，你会看到沃尔特转身将雷酸汞扔向地面，接着，在经过剪辑后，炸药直接冲向摄像机，随之爆发出明亮的闪光和震荡力。这种特效实际上是通过使用一个薄销钉来实现的，把销钉末端附着的一小包雷酸汞向镜头推过去。[10] 这里并没有真正的炸药，只是混淆视听罢了。[10] 影视剧扣人心弦的时刻和现实世界的科学之间往往很难保持平衡，而《绝命毒师》似乎成功找到了平衡点。

轮椅炸弹

斯凯勒：天呐！沃尔特，新闻里说古斯·福林死了，还有墨西哥贩毒集团的几个人一起被炸死了，毒品管制局也不知道是怎么回事。你知道吗？沃尔特，你得……

沃尔特：结束了，我们安全了。

斯凯勒：是你干的吗？发生了什么？

沃尔特：我赢了。

——斯凯勒和沃尔特，第四季第十三集《半脸》

像之前许多章节一样，下面对铵油炸药及其爆炸威力做进一步解释，只是为了更好地从科学角度理解剧情，绝不鼓励任何居家自制实验。正如吉利根在《〈绝命毒师〉内幕》播客的相关片段中所说："知识就是知识，它是好是坏，取决于你如何使用它。"[11]这种免责声明背后的原因应该是显而易见的。值得一提的是，沃尔特的自制炸药与1995年俄克拉何马城阿尔弗雷德·P. 默拉联邦大楼卡车炸弹袭击事件中恐怖分子所用的炸药类似，那次袭击夺去了168人的生命，并造成680人受伤。

言归正传。前面已经提到，吉利根本人在播客中也证实了，沃尔特在《末日》中的DIY项目是一种由铵油炸药（ANFO）引爆的自制管状炸弹。[12]这种化学混合物得名于其成分：硝酸铵（"AN"）和燃油（FO）。虽然混合需要硝酸铵和燃料油的精确配比，但制造过程相对简单，价格也相当便宜。事实上，铵油炸药成分简单且廉价，因此广泛应用于采矿作业、采石和某些民用建筑项目中，甚至可用于预防雪崩。

现在让我们来逐一分析铵油炸药的各个成分。硝酸铵是一种铵阳离子的硝酸盐，其用途差异很大：在农业生产中，硝酸铵是一种高氮、养分单一的肥料，因为植物需要很长时间才能自然获得氮；而在工业生产中，正如上文所说，硝酸铵是铵油炸药的主要成分。不过硝酸铵本身并不具有爆炸性。虽然这种矿物是天然的，也可合法开采，但由于农业和工业应用中需求量大，大多数硝酸铵都是合成的。

沃尔特为什么要切开一堆冷袋？答案是：妙用硝酸铵。在这些特殊类型的便携式“即时”冷却装置中，含有硝酸铵。基本上，每个冷敷袋由两个袋子组成：一个装满水，另一个装有硝酸铵或类似的化学物质。这些冷袋在室温下会一直保持不变，直到受到挤压，打破水袋溶解固体硝酸铵，才会产生彻底的吸热反应。对此，我会一一详解。

硝酸铵溶解实际上需要以热量形式从水中摄取能量。硝酸铵由铵离子和硝酸根离子通过离子键在晶格中结合组成，就像氯化钠由钠离子和氯离子形成一样。吸收或释放多少能量取决于三个焓值的和：溶质分子之间形成晶格结构的键断裂的焓值、溶剂分子之间键（如水中的氢键）断裂的焓值，以及固体完全溶解时新键形成的焓值。对于硝酸铵和氯化钠，前两步需要更多的能量来打破化学键（吸热），而不是通过形成新的化学键来释放能量（放热）。但在理想条件下，硝酸铵溶解吸收的热量大约是食盐的 7 倍。

简而言之，水的注入使硝酸铵溶解，这一过程需要从水里吸收热能，从而产生整体冷却效果。因此，便携冷敷包常用于治疗轻伤，或者如果你是海森堡，也可用于收集硝酸铵。（当然，沃尔特本可以购买一些化肥，不过美国国土安全部已经提议通过对此类物品的销售进行登记来加强监管。[13] 或许他可以自己合成硝酸铵，但那样拍出来就没那么有趣了。）

燃油，铵油炸药中的另一种成分，是一种液体燃料，燃烧可用于加热熔炉或锅炉，也可以用于发动机发电。液体燃料的种类包括煤油、石蜡和柴油。无论是在现实世界还是在《绝命毒师》中，普通植物油都可以作为柴油发动机和燃油燃烧器的替代燃料，因此也完全可以作为燃油的替代品用于制作铵油炸药。剧中有一个镜头一闪而过，但你可以清楚地看到，在沃尔特制作铵油炸药时，操作台上有一瓶打开的植物油，这的确是精妙的一笔。

那么，这些相对无害的化学物质是如何合成足以致命的爆炸物的呢？铵油炸药特定的化学反应取决于所用燃油的类型，但其产物是氮、二氧化碳和水，以及一些有毒的副产品，如一氧化碳和氮氧化物。如果反应产生氮气，就像在雷酸汞和铵油炸药中一样，则需要引起注意。从不太稳定的氮反应物中生成非常稳定的双原子气体，会释放出大量的能量，这就是为什么产生氮气的化学反应往往会释放大量热能，快速且具有爆炸性。看看恐怖分子的炸弹或化肥厂爆炸造成的灾难，氮气反应的威力就不言而喻了。

铵油炸药被归为爆炸剂，需要用烈性炸药引爆；与之相反，雷酸汞作为起爆药用于雷管。铵油炸药是一种三级炸药，需要二级炸药才能引爆，因为它对震动不敏感。想象一下，黑火药或引信引爆雷管，然后引爆像炸药那样的二次高爆助推器，最终引爆铵油炸药。这让沃尔特的管式炸弹装置复杂了一些，但我猜他在镜头外处理了必要的爆炸化学。

铵油炸药一旦引爆，其威力瞬间蔓延。首先，爆炸产生的冲击波以每秒 3200 到 4800 米的速度穿过周围的铵油炸药混合物。硝酸铵固体瞬间蒸发，分子分解，在这个过程中产生氧气。氧气与冲击波的能量结合，点燃了燃料，燃料迅速燃烧并产生更多的气体。这种气体的快速生成产生以声速传播的压力波，虽然也会释放大量的热量，但实际上是这些压力波造成了大部分损害。看过《流言终结者》的铵油炸药实验，就会知道爆炸产生的压力波破坏力之大——节目中一辆全尺寸的混凝土搅拌车在压力波冲击下消失了。古斯、泰瑞斯和赫克托以高昂的代价体验了这种冲击波。

然而，一些粉丝对这一集沃尔特计划中明显的情节漏洞感到失望。他们的理由是，泰瑞斯已经用视觉扫描器和无线电发射器扫描提前检查了赫克托的房间和他的轮椅，他和古斯对任何潜在的刺客或监听设备十分谨慎。那么，泰瑞斯怎么会错过附在轮椅上的巨大金属罐呢？如果炸弹真的是远程引爆的，他的扫描仪又怎么会漏掉无线电信号发射装置呢？

对于以上疑问，我认为可以通过分析这一集的剪辑并仔细观察剧中细节找到答案。在最终剪辑中，沃尔特只身前往疗养院，问赫克托在安装炸弹之前是否有其他顾虑。紧接着泰瑞斯进入房间搜查，沃尔特就躲在窗外。到这里叙事依然是混乱的，因为接下来的画面就是沃尔特在古斯最后一次拜访疗养院之前开车离开，而泰瑞斯很可能一直待在疗养院里。这种叙事手法是有道理的，但并不能解释为什么泰瑞斯没有发现附着在轮椅上的巨大的、明显的、粗糙的管状炸弹。（你可能会说泰瑞斯错把这个装置当作氧气罐装置的一部分，但这太牵强了。）如果是沃尔特在外面等泰瑞斯完成搜查后再给轮椅装上炸弹，就说得通了。这两种说法都有点牵强，我猜想主创团队在剪辑过程中也有过类似的讨论；我们就此打住，不再质疑这一点。

至于引爆炸弹本身的方法，就更具体一些。是的，沃尔特在他的制毒实验室里用一个对讲机作为远程引爆器（不是非常可信）测试了自制炸药，但对于完整的管式炸弹设置，你可以清楚地看到赫克托的按铃固定在爆炸装置上。这使赫克托完全控制了爆炸的时间，提供了比无线电更可靠的触发装置（这也解释了为什么泰瑞斯在搜查中没有发现发射机）；这也让赫克托的扮演者马克·马戈利斯在关键时刻展示出强大的演技，刻画了人物讷于言却善于交流的特点。沃尔特在附近听到铃声就引爆了炸弹，这种说法看似可行，但在我看来也是不对的。

《绝命毒师》内幕：从好莱坞的角度来看，这个令人难以置信的场景是通过视觉效果、计算机辅助效果、化装和精妙的剪辑共同实现的。这些努力一起成就了剧中令人震惊的一幕，当古斯·福林在爆炸后走出房间时，一侧脸似乎毫发无损，但当镜头转向正脸，可以看见脑袋另一侧被削去了，只剩下骨骼。尽管剧中呈现的是破坏性的一幕，但显然这一切都必须安全进行。为了完成古斯·福林可怕的变身，在长达数周、数月的特效工作中，格里高利·尼克特洛和 AMC 的《行尸走肉》节目组的特效团队提供了援手（和一张脸）。应该不是我一个人认为，为了这令人生畏的一幕付出的努力是值得的。[14]

副反应 #7：与古斯·福林的会面

《绝命毒师》中并不全是关于谋杀和冰毒；剧中最可恶的反派也要食人间烟火，坐下来吃饭。在第三季第十一集《阿比丘》中，古斯邀请沃尔特共进晚餐，品尝一种特制的智利菜。其间两人聊天，古斯惊叹于感官和记忆之间的联系，沃尔特说："大体上来说，这一过程起始于大脑的海马区，在那里形成神经连接。外界感应让神经中枢发出信号，信号传回大脑中之前的同一个部分，人的记忆就储存在那里。这就叫作'关联记忆'。"

虽然沃尔特不是神经科学家，但也对基本原理略知一二。"关联记忆"是一种将一次经历中不同的项目联系起来的记忆，比如将一个名字和一张脸联系起来，或者记住事件发生的先后顺序。它既不同于陈述性记忆（事实和事件），也不同于程序性记忆（获取和表达技能）。

人的大脑中进行着很多活动，通过 100 万亿个突触，一个神经元可以向另一个神经元传递电信号或化学信号。就关联记忆而言，这一过程始于感觉输入，比如特定的景象、声音或气味。这些不同的感觉输入被大脑皮层的不同区域分析，大脑皮层基本上把"什么"（智利炖鱼的香味和味道）和“在哪里”（古斯童年的家）分成两种不同的信息流。当这些信息流最终在海马体中交汇时，语境被加入进来，信息流便整合在一起。这些信息可以在海马体中从短期记忆转变为长期记忆。这些记忆不仅通过不断重复而加强——取决于古斯母亲做“海鲜汤锅”的频率——还可以通过语境与其他记忆关联。

气味是情绪和记忆的强烈触发器，部分原因是这种感觉输入会通过嗅球，而嗅球与杏仁核和前面提到的海马体直接相连，这是大脑边缘系统中与情绪和记忆有关的两个部分。视觉、听觉和触觉输入不会通过这一特定路径，所以不会像嗅觉输入那样牢牢扎根于记忆中。

第九章　烟火制造术

唐娜·J. 纳尔逊博士

当我以《绝命毒师》科学顾问的身份受邀演讲时，经常座无虚席。到场观众大多是学生，他们有的坐在过道或台阶上，有的直接站在后面。演讲结束后，我会留下来签名并拍照，有时长达30到45分钟。我很吃惊，我为《绝命毒师》所做的工作会吸引来如此多的观众。

有一次演讲，有位观众穿着和沃尔特一样的黄色防护服，走到讲台上，递给我一杯红酒。我继续讲，观众们也很高兴。这是一位来自德国的访问学生，这部剧在德国也大受欢迎。他是德国化学学会青年化学家小组的成员，他和其他成员说我是个很有风度的人，演讲内容是关于一部热播剧，讲得很好。不久之后，我收到了青年化学家小组的邀约，去德国巡回演讲。

2014年5月，我开启了在德国的巡回演讲，到场观众人数又创新高。我受邀在法兰克福、埃森－杜伊斯堡、基尔、德累斯顿、拜罗伊特和波茨坦这六个不同的城市进行为期六天的巡回演讲。在每个城市，都有一些观众穿着防护服出席，就像这张海报上沃尔特穿的一样。我在埃森－杜伊斯堡演讲就是用这张海报做宣传。

图 9.1　唐娜·J. 纳尔逊博士在德国埃森－杜伊斯堡的演讲海报
图片由唐娜·J. 纳尔逊博士提供

有人提醒我，在巡回演讲中，德国南部和东部城市的观众可能会略显粗鲁；这些地方也恰好是毒品使用率较高的城市。事实验证了这个预测。到场观众中有更多的人身着机车夹克，挂着金属链条，脸上有穿孔和文身。每次演讲，我都会担心是否遗漏任何重要的信息，包括反对合成和非法使用冰毒的警告声明，同时避免冒犯或激怒任何人。尽管如此，在德国巡回演讲结束后，依然有观众排着长队找我签名和合影。

101/ 入门级

> 二战时期，德国人造了一门超级大炮——世界上最大的炮——叫古斯塔夫巨炮。它重达1000吨，能装载7吨炮弹，准确击中37千米外的目标。要用炸弹摧毁古斯塔夫巨炮，连续炸一个月都无济于事；但如果派突击队，只需要一个人，拿上一袋这玩意儿，就能熔化10厘米厚的钢铁，彻底摧毁那门炮。
>
> ——沃尔特·怀特，第一季第七集《非暴力交易》

在第一季最终集，面对甲胺短缺，沃尔特和杰西有两个选择：支付一万美元雇佣专业盗贼，从一个戒备森严、安保完善的仓库偷出制毒原材料，或者干脆自己去偷。（我们来猜猜看，吝啬鬼沃尔特会选择哪一个？）然而，除了警卫和监控摄像两处明显的障碍之外，还有最后一道关卡——把守库房入口的铁门上的重型锁。幸运的是，沃尔特想到了对策，灵感来自一种简单的儿童玩具：神奇画板“Etch A Sketeh”，中文译作“蚀刻素描”。

俄亥俄州艺术公司出品的这款玩具自2016年起归斯平玛斯特有限公司（Spin Master）所有，《绝命毒师》的道具部门显然没有买到版权，所以道具组不得不大开脑洞，将常见的红色绘画玩具改为绿色版本。沃尔特就拿着这么个绘画玩具，上面写着“素描家：真有趣！很容易！”为了与这部剧（以及法律部）的说法保持一致，从现在开始，我将把它称为“素描家”。沃尔特用这个简易玩具来解决开锁问题时，杰西的困惑是可以理解的，这也是为什么我现在要梳理《绝命毒师》中的这个科学细节。

“素描家”的确是个学画画的好工具，但你可能想不到它背后的原理。“素描家”内部有一种金属粉末，涂在玻璃显示板的内表面，触控笔的旋钮划过会抹掉这种粉末，如此就可以在画板上作画。（里面还混合了小塑料珠，能保证粉末自由流动，把玩具倒过来摇一摇，粉末重新吸附到玻璃显示板上，画好的图案就消失了。）沃尔特知道这种特殊的粉末是一种叫作铝热剂的强效混合物的两种成分之一。只需将自制的铝热剂包放在设备门的实心锁上，再用喷灯点火，他们就能轻而易举地闯入化学品仓库，真是绝顶聪明的办法。但是，当二人费尽力气将甲胺运出时……就像汉克在看监控录像时说的：“可以推着走啊，笨蛋。这是个桶，可以滚啊。”

撇开常识不谈，沃尔特用来开锁的化学知识绝对是稳保成功的妙招。虽然他对“古斯塔夫巨炮”故事细节的讲述，以及轻而易举从一堆“素描家”中收集金属粉末，都不太合乎情理，但大体上来说，这个方法是可靠的。铝热剂点燃后会发生猛烈的化学反应，释放出的热量足以熔化或切割金属，这使它成为现场焊接的备选化学品；在军事上它也被用于摧毁敌方设备和武器。这种简单到令人惊讶的化合物，甚至可以在水下燃烧，熔化一把钢锁无疑不在话下。但要弄清楚这是如何发生的，我们的讨论还得深入一点。

进阶级

简单来说，铝热剂由金属粉末和金属氧化物组成。仅此而已！（注意：并不是 1∶1 的混合。另外再次声明，以下内容并不是自制铝热剂的使用说明书，**请勿在家中尝试**。）铝热剂点燃后，在放热氧化还原反应中释放出热、光、声、气体或烟雾，这让它成为化学老师和视频网站油管爱好者的心头好。但区别于前面讨论的化合物，铝热剂并不是炸药。铝热剂是烟火药剂的主要成分之一，它不具有爆炸性，可发生自持反应，不依赖外部氧气，而是依靠金属氧化物自身供氧。烟火药剂还有其他更为人熟知的成分，包括闪光粉、火药和闪光剂、发光剂。

“氧化还原”是“还原”和“氧化”的合成词，铝热剂反应中就包含这两种化学反应。“还原”和“氧化”这两个词界定了在化学反应中当电子在物质之间转移时特定反应物产生的变化：反应物得到电子就被还原，氧化值降低；反应物失去电子则被氧化，氧化值增加。在铝热剂反应中，铁被还原，铝被氧化。下面是铝热剂方程式，其中氧化数代表获得或失去的电子数：

$$\underset{[+3][-2]}{Fe_2O_3} + \underset{[0]}{2\,Al} \rightarrow \underset{[0]}{2\,Fe} + \underset{[+3][-2]}{Al_2O_3}$$

类似铝热剂的氧化还原反应常见于身体的代谢过程、金属生锈过程，以及日常使用的电池中。在第五章讨论沃尔特的自制电池时，我简单地提到了氧化还原反应，这里还需要做进一步解释。氧化还原反应包括两个部分，一个是还原反应，一个是氧化反应。这两个过程同时进行，相辅相成。就铝热剂的情况而言，还存在一种竞争反应：铝是一种比铁更活泼的金属（也就是说，更容易释放电子），因此如方程式所示，铝将置换出铁。

19 世纪 90 年代，德国化学家汉斯·戈尔德施密特发明铝热法并申请专利。铝热反应以他的名字命名，最初的目的是在不用碳熔炼的条件下制备高纯度金属。然而，铝热剂很快成为商业和工业焊接中有价值的商品。[1] 由于铝热剂不易爆炸，并能在短时间内使小块金属暴露在极高的温度下（大约 2300℃），可用于切割金属或焊接金属组件。铝热剂通常用于焊接两个路段的铁路轨道，它可以让反应产生的熔融物质流入接头周围的模具。铝热剂还可用于修理（通过焊接）、精炼某些金属矿石（这是它最初的用途），甚至可以将电力设施和电信工业中用于连接设备的粗铜线焊接在一起。在军事领域，铝热剂可用于制造燃烧弹，或作为原料合成一些物质，用来摧毁可能落入敌人手中的设备，或在不使用响声巨大的炸药的情况下摧毁火炮。既然铝热剂是熔化和切割金属的有效工具，我们有充分的理由相信，沃尔特的自制铝热剂会直接切开仓库的锁。

需要明确的是，铝热剂本身的成分——金属粉末燃料和金属氧化物——在室温下相当稳定。正因如此，沃尔特可以毫不在意地把它扔给杰西，它在商业和工业上也十分适用。然而，这种稳定性也是铝热剂不易燃的原因。打火机或火柴都不能点燃它。铝热剂需要 1650℃以上的温度才能点燃，因此镁带是理想的“保险丝”，它在 3100℃左右才会燃烧。沃尔特所用的似乎是一种手持式丙烷点火器，其最高温度可达到 1995℃，正好可以用来点燃他那包铝热剂。但是铝热剂一旦烧起来，就得小心了，因为你没法扑灭它。（不要想着用水，铝热剂也被用于水下焊接。）

下面是另一个使用铁的三价氧化物和铝粉的铝热剂反应的化学方程式：

$$Fe_2O_3 + 2\ Al \rightarrow 2\ Fe + Al_2O_3$$

如方程式所示，铁的三价氧化物和单质铝的混合物一旦引燃，就会产生单质铁和铝的三价氧化物。看起来好像非常简单，对吧？在这个方程中，没有计入最初点燃铝热剂所需的热量以及反应本身产生的大量热量。反应从固体金属粉末开始，形成熔融的液态金属产品，这一点应该很好理解。如果不清楚反应物之间电子的转移，再仔细看看反应过程和所涉及的氧化态：

$$\overset{[+3][-2]}{Fe_2O_3} + 2\,\overset{[0]}{Al} \rightarrow 2\,\overset{[0]}{Fe} + \overset{[+3][-2]}{Al_2O_3}$$

单质铝通过转移三个可用的电子，将铁的三价氧化物还原为单质铁；随之，单质铝被氧化成铝的三价氧化物。

这种还原－氧化反应是在瞬间发生的。铝热剂反应的焓（或能量变化）大约是850千焦每摩尔，这意味着对生成物（方程右边）十分有利，因为生成物的总能量小于反应物的总能量。这种能量差异以惊人的形式释放到周围环境中。的确，被称作铝热剂的强效成分，只不过是靠铁锈和铝箔在引入足够的热量后产生的相互作用。

那为什么这两种常见的成分在铝热反应中如此有效呢？当然，也可以使用镁、锌等其他金属粉末燃料，或硼。然而，铝具有天然优势，它的高沸点（允许反应达到非常高的温度）和低熔点（在液相中发生反应，可以加速进行）对于反应本身来说非常理想。铝的成本低，能形成钝化层（一种不太容易被腐蚀的屏障），三价氧化物产品密度相对较低，能够漂浮在熔化的铁上（防止焊缝污染），这使它成为商业、工业和军事上使用的理想材料。

除了常见的铁的三价氧化物，也可使用铁的二价氧化物和其他化学物质如铜的二价氧化物、锰的四价氧化物。铁的三价氧化物产生更多的热量，而二价氧化铁更易燃；引入铜或锰的氧化物能使引燃的过程更顺畅。

在了解铝热剂制作过程后，让我们看看沃尔特用“素描家”自制铝热剂开锁器的可能性有多大呢？不要认为这些儿童玩具充满了铝热剂，并非如此……那太疯狂了。不过，这款益智绘图玩具的内表面涂有铝粉。操作旋钮，就可以画出图案，装置内部的触控笔会在粉末中画出一条线。线条之所以看起来是黑色的，是因为玩具本身内部没有光。把画板倒过来摇晃一下，装置里的聚苯乙烯珠——就像之前提到的那样，它会发出颤动声——让粉末重新回到玻璃表面，“擦除”之前的画。（这些珠子必须从铝粉中分离出来，所以我猜沃尔特是在镜头外完成这一步的。）沃尔特本可以简单地用几块铝箔来做铝热剂，但拆解心爱的古旧玩具似乎是更聪明的叙事方法。

如果需要更多禁止居家尝试这种方法的理由，那就是铝粉可能会造成吸入危险，你至少得佩戴防护口罩。另外，根据文献数据，[2]你可能需要多达 200 个“素描家”才能获得足够的铝粉来制作铝热剂，远远超过剧中沃尔特使用的 10 个。

沃尔特和杰西把铝热剂粉末装在牛皮胶带包扎的塑料袋中，很可能是折腾半天，到头来一片狼藉，而锁完好无损。因为在铝热剂切割和焊接过程中，需要用陶瓷容器来防止粉末四处飞溅。此外，沃尔特和杰西直接盯着白热的铝热剂（没有戴护目镜），而且随后即使反应温度达到 2204.4℃，沃尔特也直接触摸门把手去开门（至少戴着手套）。撇开安全问题不谈，也不去说熔铁可能会溅射甚至喷射出来，沃尔特的自制铝热剂很有可能轻而易举地烧穿仓库门锁。不过沃尔特关于古斯塔夫巨炮的故事只能说部分符合历史。

纳粹德国的 80 厘米口径铁道炮古斯塔夫（德文为 Schwerer Gustav），或称重型古斯塔夫，是有史以来战争中使用的最大口径线膛武器、最重型的移动大炮，重达 1350 吨（指公吨）。重型古斯塔夫可发射重达 7 吨的炮弹，有效射程约 39 千米。（沃尔特说重量为 1000 吨，炮弹重量为 7 吨，37 千米内能精准射击，和事实很接近了。）大炮的第一次实战测试是在 1942 年 6 月塞瓦斯托波尔围城期间。1 个月后，重型古斯塔夫只发射了 48 发炮弹，原先的炮管已经报废（包括试验在内，总共发射了近 300 发炮弹），不过这座重兵设防的城市和海军炮台已经被夷为平地。

古斯塔夫巨炮是被拆除还是摧毁，是由轴心国还是盟军操作，历史尚待考证。[3] 我倾向于认为沃尔特提到的突击队利用铝热剂和相关科学知识摧毁这门大炮是可行的，但其实大炮本身的低效设计很可能导致它报废。

副反应 #8：沃尔特·怀特紧张的神经

剧中有个场景，沃尔特简单粗暴地利用科学方法来保全自己，最终导致严重烧伤。在第五季第六集《买断》中，麦克用一条束线带将沃尔特拴在散热器上，防止他阻碍自己的计划。沃尔特在别无他法的情况下，切断咖啡机电源后，用牙齿咬咖啡机的电源线，剥去电线外面的胶套，将电源线穿过束线带，然后重新打开电源，使电线短路，烧断束线带。沃尔特以灼伤手腕为代价换来自由，但这种百战天龙的做法在现实世界中行得通吗？

不少网络侦探为沃尔特这种惊人的逃脱法提出了替代方案，但这里关注的是他实际做了什么，而不是他本可以做什么。（例如，科学天才沃尔特本可以烧掉系在散热器上的束线带，而不是绑在他手腕上的，但这样戏剧性会大打折扣。）沃尔特的目的是制造短路，几乎可以肯定，只要电线碰到一起，插线板或大楼保险丝盒里的断路器就会跳闸。不过，如果电流可以在电线两端形成电弧，烧断束线带的确轻而易举；正如剧中呈现的，沃尔特的逃跑大计成功了。

《绝命毒师》内幕：就拍摄技法而言，布莱恩·克兰斯顿在大部分场景中确实是被绑在散热器上，但演绎爆炸时，他们使用了一个真伪难辨的假肢作为替身。这部剧的特效总监肯·塔拉罗解释说，他们是在镜头外操控一个1.2万伏的变压器来提供电弧，不是普通的120伏的家用插座。[4]（就故事而言，沃尔特显然熟悉“火花放电”的概念，在本剧早先的剧情中，他就利用这一点点燃了超级实验室。吉利根在相关播客中证实过这一点。）剧中的束线带是真的，和执法部门使用的一模一样，也是剧组所能找到的最坚固的束线带。不过，制作团队只将沃尔特单手绑在散热器上；通常情况下，执法机关会选择双手束缚。

第十章 腐蚀剂：氢氟酸

唐娜·J. 纳尔逊博士

文斯·吉利根不仅是个科学迷，本人还很风趣，这些在剧中都得到了体现。镜头外也不乏这样的例子。

我曾寄给文斯一件美国化学学会俄克拉何马州分会学生分会自制并对外出售的T恤，他的回复很有趣（见图10.1）。T恤背后印着“化学：我们在实验室做的东西出现在你家车库就是重罪。——美国化学学会学生分会”，正面印着“SAACS俄克拉何马州2007—2008”。我猜他会想要一件，也能加深对美国化学学会的关注。事实正是如此，他穿着T恤还在伯班克办公室拍照发给我。

另一件趣事和他的胡子有关。2008年我第一次见到文斯时，他还没有胡子，但到2011年，他突然开始留胡子。当时，我问剧组里的女性朋友们对此作何评价，她们说：“看看组里其他男同胞吧。”我惊奇地发现他们大多数人都留着同样的胡

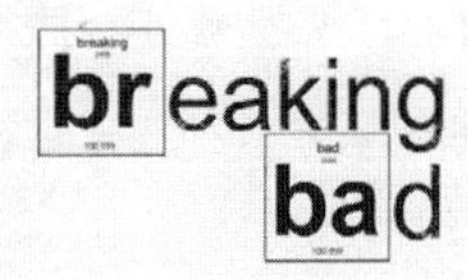

August 26, 2008

2501 W. Burbank Blvd., Suite 206
Burbank, CA 91505
(818) 841-0695

Prof. Donna Nelson
The University of Oklahoma
Department of Chemistry and Biochemistry
620 Parrington Oval, Room 208
Norman, Oklahoma 73019-3051
(405) 325-4811

Dear Donna,

Thank you for the fantastic t-shirt! I'm wearing it with pride. We so appreciate all your assistance this season. From pointing out things a non-chemist would never think of (like the likely purity of our barrel of methylamine) to working out the volume of Walt's end product, you have truly been an invaluable help to us. You will certainly get a few more questions from us before our season wraps up!

Best regards,

Vince Gilligan

Breaking Bad - Bldg. A
Albuquerque Studios
5650 University Blvd. SE
Albuquerque NM 87106
Phone 505.227.2700
Fax 505.227.2740

图 10.1　文斯 · 吉利根写给唐娜 · J. 纳尔逊博士的信
图片由唐娜 · J. 纳尔逊博士提供

子，甚至包括处理道具和打理布景的人。我问："这帮人为什么要这样做？"她们回答："我们也不懂。这大概是男人的事情。"这是实话，毕竟大多数女性都不长胡子。不过，片场的大多数男人其实都在模仿沃尔特的胡子！

101/ 入门级

抱歉，你刚问我什么来着？哦，想起来了，我让你去找什么"愚蠢的"塑料容器。看到了吧，氢氟酸不会腐蚀塑料，却能溶解金属、岩石、玻璃，还有陶瓷，就像现在这样。

——沃尔特·怀特，第一季第二集《保守秘密》

到目前为止，我已经讨论了爆破手段和利用高度放热方法破门而入的方法。现在，我们继续讨论《绝命毒师》中反复出现的化学物质：氢氟酸。光听到氢氟酸（HF）的名字，就会让人联想到实验室里疯狂科学家们被火花四溅的仪器、烟雾缭绕的化学混合物和其他好莱坞特效包围的场景。在剧中，氢氟酸的效果显然更让人毛骨悚然——沃尔特和杰西经常使用这种酸处理尸体。在第一季第二集《保守秘密》中处理埃米利奥·小山的尸体（极有可能还有他表哥疯狂小八）；第四季第一集《裁纸刀》中，在超级实验室里处理古斯的跟班维克多；第五季第六集《买断》中处理无辜的目击者德鲁·夏普（和他的越野摩托车）；第五季第八集《瞒天过海》中处理粉丝最爱的麦克。

让我们回到正题——化学，搞清楚是什么让酸成为“疯狂科学”的代名词。酸的英文 Acid 源自拉丁语“acidus”，酸为食物提供了一种独特的味道，例如柠檬（柠檬酸）、醋（醋酸），甚至酸啤酒（乳酸）。但在虚构作品中，酸几乎总是被用来溶解一切，从银行金库的锁到尸体。这种行为在现实世界中有先例吗？如果有的话，是什么赋予酸这样的能力？

根据定义，酸是能够提供质子或氢离子（H^+）的分子或离子，更容易失去氢离子或完全解离的酸被称为“强酸”，而只能部分解离的酸被称为“弱酸”。例如，盐酸（HCl）是一种强酸，在水中会完全（100%）分解成氢离子和氯离子；醋酸（CH_3COOH）分解成氢离子和乙酸酯，也就是它的共轭碱（CH_3COO-），但这种弱酸的溶液只有大约 0.4% 解离。氢离子会与金属、纸上的纤维素、肌肉和皮肤中的蛋白质等物质发生反应，从而分解这些物质。因此，酸性越强，溶液中有更多的氢离子，分解就会更快、更彻底。

氢氟酸成为沃尔特和杰西销毁危险又致命的毒品交易证据的不二之选。但在现实中，这种剧中最常用到的酸能奏效么？很奇怪，氢氟酸对活人可能比对死人的伤害更大。与这种酸接触有可能导致深度烧伤，起初无痛，但会造成组织死亡。氢氟酸也会干扰人体内钙的代谢，最终产生全身系统毒性，导致心脏骤停，乃至死亡。这种酸的气态形式会立即对肺部和眼角膜造成永久损害。稀释的氢氟酸常用于家用清洁产品，如除锈剂和车轮清洁剂，浓缩氢氟酸则用于制造制冷剂、玻璃和金属蚀刻。

这东西的确不好对付，威力不仅足以溶化一具尸体，还能吞噬一把枪、一个陶瓷浴缸，和浴缸下的地板？只要时间充足，有足量的高浓度氢氟酸……也许真的可以，但也并非像《绝命毒师》所呈现的那样。看来沃尔特和杰西得另寻他法来掩盖他们的疯狂杀戮。为了揭示其中奥秘，我将一一解释氢氟酸分解有机材料的能力。

进阶级

也许出乎你意料，氢氟酸实际上是一种弱酸，因为它在水中只是部分解离。然而令人费解的是，氢氟酸中的其他卤素——氟化物成分所属的元素群——常常形成强酸，如氢碘酸（HI）、氢溴酸（HBr）和盐酸（HCl）。所以，是什么让氢氟酸如此与众不同呢？

酸的强度由几个因素决定：电负性、原子半径、电荷和平衡。“电负性”是一个术语，表示原子吸引电子的能力；一般来说，酸的共轭碱的电负性越强，酸性就越强。在元素周期表上，从左往右移动时，电负性逐渐增加，而在同一列中，从上往下移动时，电负性逐渐减少。这在一定程度上由原子的大小决定，当从上往下移动时，原子的大小会增大，更难吸引电子。

酸强度也随着原子半径或原子电子云大小的增长而增强。总体上，半径越大，酸性越强。这是因为原子、分子或离子的电荷分散在整个电子云上；相对较大的电子云会扩散更多的电荷，从而降低电荷密度。在带负电的共轭碱中，电子云增大会减少碱对氢的吸引力，使酸更容易解离。另一种表述方式是，较大的原子、分子和离子更容易释放氢离子，因为产生的负电荷分布更稳定。此外，原子半径越大，原子间的键也越长，通常比短键更容易断裂。

以上两点总结如下：在元素周期表上从左往右，随着电负性的增加，酸度增强；从上往下，随着原子大小的增加，酸性减弱。此外，带更多正电荷的物质，酸性也趋向于更强。带正电荷的原子或分子，如水合氢离子（H_3O^+），可以轻易地释放一个质子并保持稳定。这就是为什么水合氢离子的酸性比水强，而水的酸性比氢氧根（OH^-）强。负电荷的积累会使其越来越难以释放更多的氢离子。

最后，酸的强度也可用酸解离常数（K_a）来表示，通常也可以用它的对数的加法逆元 pK_a 来表示。如果 K_a 大于 1，就是强酸；数字越大，酸性越强。pK_a 的负值越大，在给定的 pH 值下酸越容易解离，酸度就越强。

一下子需要消化这么多术语的确有点挑战，氢氟酸实际上与这些一般规律都背道而驰，因此需要仔细探讨这种特殊的"酸"：

氟实际上是元素周期表上电负性最强的元素；在元素周期表

中，从左往右、从下往上移动，电负性会依次增加。如果你认为氟化氢应当是最强的酸之一，也在情理之中，但其他因素的存在让事情没那么简单。

到目前为止，氟是卤素中原子半径最小的，也是原子半径最小的元素之一。与其他卤素相比，它的负电荷分布在相对较小的空间区域，导致氢和氟原子之间的键短而强，氢离子在水中更难解离，因此成为弱酸。

此外，氢氟酸的共轭碱（F^-）非常不稳定，只有一个负电荷在小离子半径上扩散。换句话说，氢氟酸比分子的解离状态更稳定。

当涉及酸强度时，大小和稳定性比电负性更重要。因此，氢氟酸的平衡倾向于左移，使氢和氟原子聚集在一起；它的 pK_a 值为 3.2，刚好处在弱酸 pK_a 值范围内（−2 到 12）。因此，虽然氟可能是卤素中最活泼的，但氢氟酸相对于其他卤化氢又是较弱的。[1]

不要听到“弱酸”这个词就认为氢氟酸毫无危险，事实显然不是这样。即使是部分解离的弱酸也能溶解剧中提到的那些物质，尤其是在浓缩溶液中有更多氢离子存在的情况下。但是，由于氢氟酸的局限性，编剧在剧中使用氢氟酸来处理尸体和证据其实是一个奇怪的选择。还有很多其他的强酸可供他们选择，为了充分了解这些酸有多可怕，我们还需要了解 pH 值和哈米特酸度函数。

衡量酸的酸碱性最常用的指标是 pH 值，就是溶液中氢离子浓度的负对数，用这种方法可巧妙地计算水溶液中氢离子的数量。

（水中不存在游离的氢离子，因为离子与水分子氧原子上未形成共价键的孤对电子结合，所以我们所说的实际是水合氢离子。）

pH 值范围从 0 到 14，纯水是中性的，pH 值为 7。酸在 0 到 7 之间，碱在 7 到 14 之间。这些值来自化合物的摩尔浓度（M），或者溶液浓度的度量。溶液的酸性越强，释放到溶液中的氢离子越多，pH 值就越低。pH 值是对数值，因此 pH 值为 1 比 pH 值为 2 的酸性强 10 倍，比 pH 值为 3 的酸性强 100 倍。强酸包括硫酸（H_2SO_4），可见于下水道清洁剂中，也被称为电池酸；盐酸（HCl），即胃酸；硝酸（HNO_3），或“镪水”。

真正让人闻风丧胆的酸，连 pH 值刻度都无法测量其解离力。所谓“超强酸”的强度甚至比 100% 的纯硫酸还要强，只能通过用于测量高浓酸溶液的哈米特酸度函数（H_0）来计量。按这个梯度，纯硫酸的值是 −12，而像碳硼烷酸［$H(CHB_{11}Cl_{11})$］和氟硫酸（$HFSO_3$）这样的超强酸，哈米特酸度函数都是 −18；目前人类已知的最强酸氟锑酸的 pH 值在 −28 到 −31.3 之间。氟锑酸的强度大约是已知强硫酸的 2×10^{19} 倍，也就是 2000 亿亿倍。这种可怕的酸会溶解玻璃和塑料，甚至会在水中发生剧烈反应，必须用氢氟酸溶液稀释才能保持稳定。[2]

此类超强酸的溶解强度的确接近“疯狂科学家”的水平。你也一定会好奇这样的溶液究竟是如何储存的。还好，化学家会告诉你答案！在有机化学中碳和氟之间的单键几乎是最强的——只有硅和氟之间的单键更强——当更多的氟原子与中心的碳原子结合时，化学键变得更短、更强。碳氟键的组合产生了人类已知的一些活性最低的有机化合物，比如聚四氟乙烯（PTFE），其品牌名称特氟龙（Teflon）更为人所知。没错，就是烹饪用到的不粘锅的涂层，只有这种物质能安全地储存世界上最强的超强酸。

像特氟龙和塑料这样的合成材料是聚合体，或者说由重复的单体连接在一起形成的链状或网络结构。这种结构不仅提供了单体之间的强键，还降低了化合物的整体键能，避免发生任何反应。所以当涉及实际应用时，沃尔特坚持让杰西用一个塑料桶来装需要销毁的证据（和酸）。塑料桶可能不足以容纳某些超强酸，但用来装氢氟酸恰到好处。[3]

以上讨论可能会让剧中的氢氟酸黯然失色，但并不会降低它的危险性。由于氢氟酸处理起来非常危险，而且主要用于工业用途，我怀疑沃尔特所在的高中是否能储备足量的材料来溶解埃米利奥和疯狂小八的尸体。为了便于讨论，我们假设材料足够。氢氟酸（大多数情况下）真的可以消灭一切证据吗？

庆幸的是，《流言终结者》团队做了针对性测试，[4]重温剧中大概是最令人难忘的使用氢氟酸的场景：酸部分分解了埃米利奥的身体，溶解了他的枪，同时侵蚀了陶瓷浴缸和浴缸下的地板。血肉模糊的分解残留物坠落到一楼地板上，留给沃尔特和杰西的烂摊子也极具挑战性。《流言终结者》团队进行了一个小规模测试，用铸铁搪瓷代替整个浴缸，用石膏板和木头代替地板，金属代替枪，猪骨和猪肉代替尸体。在加州大学伯克利分校化学实验室的监控下，所有样品在 100 毫升氢氟酸中浸泡了 8 小时。尽管石膏板、搪瓷釉和猪肉被部分溶解，但没有一个样本被完全分解。《绝命毒师》里的科学遭遇了滑铁卢。

他们选择了一种更强的酸来进入更全面的测试：浓度达 96% 的硫酸，另外添加了一种未对外公开的秘密成分。他们可能使用了俗称的“食人鱼溶液”：一种硫酸（H_2SO_4）和 30% 的过氧化氢（H_2O_2）的混合物。这是一种强氧化剂，常用于清洁地面的有机残留物、蚀刻电路板，甚至用于清洁实验室里的玻璃器皿（通常只用于多孔的“烧结”玻璃器皿）。“他们”采取了适当的预防措施——比如在偏僻的地方进行实验并雇用一支训练有素的有害物质检测公司善后，**所以请放弃在家里尝试**——全面测试产生了很多烟（水蒸气、二氧化碳和氢气）、一头几乎溶解的猪（除了骨头），但是浴缸和地板完好无损，这对剧中虚构的科学场景更是无情地打脸了。当他们用玻璃纤维代替铸铁搪瓷制成的浴缸材料，并用 36 加仑特制的酸性混合物将一头猪包裹起来时，剧组第三次被打脸了。猪在短短几分钟内就完全溶解了，但浴缸和地板完好无损。

根据吉利根在《流言终结者》特辑上的说法，如果浴缸是用淡奶酪做的，整体效果会更好。但如果编剧们真的想从“尸体消失”的角度来展示模仿生活的艺术，更应该选择碱液这样的强碱来消除证据。长期以来，皂化过程（制造肥皂）一直使用这种强碱来分解油脂，这些油脂与构成人体的油脂成分类似。这也是美墨贩毒集团常用的伎俩。[5]

只要选择正确的化学药品、设备和技术，就能在大约3小时内将一具尸体变成油质的棕黄色液体。这一过程被称为碱性水解，（在美国某些州）可作为处理遗体的合法方式，替代火化。因此，在处理尸体时，使用酸可能会更彻底，也更容易受到普通观众的认可，但碱基却能以独特的方式快速实现目标。

生　物

化学和物理是两门在实验里运行良好的“硬科学”，因为它们都是基于可以通过实践证实的原理。两门学科共同作用，孵化出大热美剧。化学和物理学科原理是《绝命毒师》成功的基石，这些可证实的原理让海森堡得以开展制毒活动，也给了他破解生活难题的工具。而当硬科学与生物世界相互作用时，事情往往会变得一团糟。你可以从字面上理解这一点，最好的例子是埃米利奥碰上磷化氢气和氢氟酸的化学反应，或者是古斯·福林与铵油炸弹面对面时上的那堂致命的物理课。不过，生物学也是研究地球生命所必不可少的，《绝命毒师》在探索这门复杂的学科时，也很好地展示了现实世界的科学。

沃尔特的制毒过程和爆炸方案可能是最令人难忘的，但《绝命毒师》对“软科学”的关注，有助于塑造剧中有血有肉的角色；这是本章的主要内容。例如，在剧中，沃尔特的抗癌斗争与海森堡制造冰毒的故事篇幅大致相当。癌症，是诸多疾病的统称，针对癌症的医学研究从未停止。有趣的是，这两个非主线情节都涉及药物及其对人体的影响，无论是药用的还是享乐性的。沃尔特并不是唯一受健康问题困扰的人；小沃尔特在年幼时就被诊断患有脑瘫，他一生都在对抗一种无法治愈，只能不断往里扔钱的疾病。（演员R. J. 米特成功刻画了小沃尔特这个人物，他自己也患有脑瘫，每日都在挣扎，尽管相比之下这并不算严重。）

当涉及其他困难时，沃尔特也知道爆炸和腐蚀不能解决一切问题；有些事情需要温和一点的办法。这就是化学和生物学知识发挥作用的地方，因为这两个学科的结合是毒理学（用外行的话来说，就是毒药研究）的核心。（你可能会惊讶地发现，剧中有多少角色试图用越来越有创意的方式毒害彼此。）

有一点毋庸置疑，沃尔特的每一个决定都会影响到他周围的人，并导致身体和心理上的伤害。《绝命毒师》很好地处理了沃尔特阴谋诡计的后果，忠实描述了创伤后应激障碍（PTSD）的症状，并在叙事中引入了"神游状态"的概念。将这些包纳进来，不仅故事讲得好，对科学的呈现也恰到好处。我将在接下来的章节中逐一解释，看看《绝命毒师》的生物学到底有多贴合科学现实。

第十一章　精神病学：神游状态、惊恐发作和创伤后应激障碍

唐娜·J. 纳尔逊博士

好莱坞和科学界截然不同，人的性格和活动都有天壤之别。奥斯卡之夜、红毯和娱乐小报，我们大都耳熟能详。这里，我要比较的是两个群体对工作的不同追求。

二者最显著的共性在于目标：两个群体里的人都追求卓越和完美。然而，在与《绝命毒师》演员和工作人员共事的过程中，我发现两群人实现目标的方法完全不同，仿佛置身于另一个世界。

首先，圈子语言不同。他们想模仿我的说话方式，实现文斯对科学准确性的追求。为了更好地帮助他们，我也不得不学习他们说话的方式。

显而易见的是，他们把从我这里学到的科学知识成功融入故事中。他们不了解常用科学术语，我很在意这一点，所以

提供了相关术语介绍，避免用一连串术语难倒他们。当然，偶尔我会漏掉一些并不直接相关的科学术语。比如，我用到的“前体”一词，文斯采纳了。还有一些时候他们不感兴趣，譬如前面提到的“化学计量学”。

其次，我们对工作最终结果的影响不同。科学家在收集数据时不会掺杂自己的观点，而导演会针对同一场景重复几十次的取景拍摄。我们选择工作结果的态度相反。导演会审阅一个场景所有的“镜头”，然后选出自己最喜欢的。科学家把这种行为称为“挑三拣四”和“偏见”，会明确禁止这么做。

最后，我们的目标和考量也是不同的。譬如在挑选试剂时，他们考虑的重点是这种试剂对演员们来说是否好发音。但是，为了配合编剧们的创作，我总会让自己的目标和他们的保持一致。我是个比较随和、适应性很强的人，所以学到了很多，也乐在其中！

我听说好莱坞有一个说法：热门剧集和科学顾问不可能共存，大概就是因为这些差异引起的。科学顾问可能会不断告诉剧组成员“你不能这样做，不能那样做”，诸如此类。结果整部剧会演变成一部科学纪录片，抹杀了其中的艺术元素和创造力。这样一来，观众就没兴趣了，作品以失败告终。当听到这个传闻时，我明白我的主要目标就是必须和全体剧组的目标保持一致。

正因如此，在修改剧本时，我采取了一种极简主义的方法——在保持科学正确性的前提下，尽可能少改。我需要尊重编剧的创作。毕竟，他们知道如何为观众写东西。这不仅仅是注重头韵和抑扬顿挫；如果一个以 p 开头的三音节单词在科学上是错误的，我尽量用一个从科学上来说正确的 p 开头的三音节单词替换。这可能比完全重写更难，但我还是这样做了，我和剧组成员们的合作也非常融洽。

根本没有失忆，我什么都记得。

——沃尔特·怀特，第二季第三集《阴魂不散》

在《绝命毒师》中，并不全是冷血的化学和爆炸性的物理。观众之所以对沃尔特·怀特和他逐渐黑化的过程着迷，更多是由于角色互动而非化学反应。沃尔特与日俱增的暴力和自私带来了不可避免的反噬，这不仅影响了沃尔特自己，也影响了他周围的人，包括朋友和敌人。有时这些影响是致命的，譬如不幸遭遇沃尔特的对手都被一一除掉，即使从他的恶行中幸存下来，也会有情感创伤后遗症，留下无形的伤疤。

整部剧贯穿着一种心理张力，并以各种方式呈现给观众。有时，沃尔特会用怪诞的行为来摆脱困境或者为罪行找借口，譬如他那臭名昭著的神游状态。而另一些时候，无辜的旁观者也会受到牵连，往往造成毁灭性的心理影响。剧中关于 PTSD 后果的最极端的例子夺去了 167 人的生命。这场多米诺骨牌效应式的灾难归结于沃尔特·怀特的优柔寡断，是他间接导致了简·马戈利斯（纹身艺术家，杰西的女房东和女朋友）的死亡，而最终让她的父亲唐纳德·马戈利斯——一名抑郁、心烦意乱的空中交通管制员——犯下了代价高昂的错误。

虽然剧中没有展开来说这 167 名受害者，但详细介绍了两位核心人物，他们都直接或间接地遭受了沃尔特的伤害。整部剧中，汉克多次惊恐发作和杰西与 PTSD 的斗争，是本剧关于心理创伤的另外两个例子。下面我们来进一步探讨这些现象。

神游状态

101/ 入门级

如果说杰西所经历的心理创伤是真实的——后面会继续说明——那么，沃尔特的精神障碍则百分之百是装的。在第二季第三集《阴魂不散》中，沃尔特受屠库·萨拉曼卡的控制，在沙漠里待了几天，家人与他失联，张贴了“寻人”海报。他需要为他的失踪找到一个合情合理的解释。除了声称被绑架、迷路，或者承认自己是兼职制造冰毒的毒贩，沃尔特的最佳选择，就是在超市里赤身裸体地散步，直到安保人员把他带走，让他在医院与家人团聚。沃尔特的计谋成功了，他的平安归来让家里人喜出望外，足以打消所有怀疑。但沃尔特虚构的神游状态真的存在吗？

不足为奇，这种神游状态确实存在！这属于一种健忘症，就是所谓的解离性神游，患者通常因创伤或压力而失去部分或全部记忆。这种状态可能持续几个小时、几个月，甚至几十年，受其折磨的人可能远离家人，以新的身份出现，甚至在不知不觉中开始新的生活。[1]也有人会为了逃避令人沮丧的婚姻、责任或者兵役，假装自己患有解离性神游症。医生们要区分医学上认可的解离性神游（没有直接的身体或医学原因）与有意的“假装”行为并非易事，但办法总是有的。

神游状态的不确定性实际上正中沃尔特下怀。沃尔特的主治医生索珀医生和肿瘤学家德尔卡沃利医生研究了沃尔特服用的抗癌药品副作用和神游间的相互作用，也没有发现任何可以解释他行为的证据，所以把他转给了精神科医生查瓦兹医生。在医患保密前提下，沃尔特承认他编造了神游状态，只是为了逃避几天家庭责任。沃尔特真是个机灵鬼，还是个出色的演员。他并没有坦白自己的真实罪行，只是编造了一个故事，让医生相信他没病，也掩盖了自己的犯罪行为……只是暂时的。在《绝命毒师》故事线中，这是个绝妙的情节设计，但在现实生活中神游状态要复杂得多。

进阶级

在《精神疾病诊断和统计手册》第五版（简称 DSM-5）中，解离性神游本身不是一种疾病，而是被归为解离性健忘症。现实生活中的神游状态起因不明，但不乏相关记录。2006 年有这样一个案例：一位 57 岁的律师，家里有妻子和两个孩子，有一天他从纽约韦斯特切斯特县的车库离开，六个月后人们在芝加哥的一个流浪汉收容所找到了他，他用新的名字生活，从前的生活都不记得了。他是一名越战老兵，又侥幸躲过了“9·11”恐怖袭击，这两件事加在一起，很可能不断诱发痛苦的回忆，造成了他的失忆。在《医学侦探（卷二）》中，作者波顿提到另一个案例：在 20 世纪中期，有位先生本应该在波士顿岳父的店里，却突然出现在纽约的一家酒店，已经记不起自己的名字。在多次试图唤起他的记忆未果之后，他突然想起了这些细节。[2] 甚至惊悚小说作家阿加莎·克里斯蒂也被认为经历过神游状态。1926 年冬天，在母亲去世又得知丈夫出轨后，她从家中消失了。事实上，她借用另一个名字（狡猾地借用了她丈夫情妇的名字）去了一家水疗中心，并编造了一个完全不同的故事来解释她为什么在那里，进一步导致真相扑朔迷离。[3]

解离性神游事件的症状包括突然离开家和常住地，对既往生活失去记忆，身份混淆，部分或完全假设一个新的身份。[4]通常，解离性神游的起因是超负荷的压力或情感创伤事件。患者遭遇异常痛苦或令人不安的事情，以至于大脑会选择带走相关的记忆，保存在一个隐藏区域。明显区别于其他类型的失忆，神游状态下遗忘的信息是可以恢复的。医生可使用神经心理学测试区分医学上认可的神游和不被认可的神游，因为诈病者倾向于过分戏剧化和夸大自己的症状，而且他们往往有更现实的理由来假装失忆。

沃尔特神游后自称状态良好，很可能也无法摆脱困境。因为在现实生活中，解离性神游应由医生评估。即使对那些似乎没有明显生理原因的失忆患者进行检查，第一步也是寻找神经方面的病因，如中风、病毒性脑炎、癫痫或头部损伤。此外，一般性知识和记忆的丧失都会指向精神或心理根源，而不是生理影响。功能性磁共振成像（MRI）或正电子发射断层扫描（PET）也可检测脑损伤是否是潜在诱因。[5]

鉴定神游状态真正的挑战并不一定是神游本身；患者除了轻微的意识混乱外，可能并没有其他症状。然而，一旦记忆恢复，意识到自己处于神游状态，而且还必须面对造成神游的原始诱因，患者会经历抑郁、悲伤、攻击性冲动，甚至会有自杀倾向。针对性的治疗包括心理干预和催眠，以及配合使用药物（如静脉注射镇静剂）的“谈话疗法”。这种方法更适合帮助患者弄清如何应对触发这些事件的情况和情绪，预防未来发生类似事件。然而，这些治疗方法对于恢复神游期记忆并不那么有效。

因此，沃尔特神游后相对轻松的“恢复期”，可能已经让他的主治医师——照实说的话，还有斯凯勒和小沃尔特——猜到了他没说实话。然而，关于惊恐发作和创伤后应激障碍的记述，《绝命毒师》绝不是胡编乱造的。

惊恐发作和创伤后应激障碍

入门级

可以说，由于沃尔特的种种行为，在生理和心理上最受创伤的角色是汉克·施拉德和杰西·平克曼。当然，在沃尔特黑化成海森堡的道路上，更多无辜受害者和罪犯都付出了沉重的代价，剧终后沃尔特的家人很可能遭受情感创伤，但汉克和杰西从头到尾都承受着生理和心理的暴击。

与温文尔雅的沃尔特·怀特相对照，汉克被塑造成一个充满男子气概的、嚣张的缉毒局探员，在执法部门迅速晋升。从早期打击瘾君子，到被派往三州边境封锁特遣部队（在被暂时停职之前），再被任命为助理特别探员（主管助理），最终单枪匹马执行寻找海森堡的任务。随着剧情深入，汉克的职业压力呈指数级上升。在遭遇了与屠库·萨拉曼卡的枪战、墨西哥华瑞兹市的致命爆炸和再次与萨拉曼卡兄弟枪战后，他恍然大悟：苦苦追寻的制毒大佬是自己的姐夫。这对任何人来说都不好消化。

当挑起酒吧斗殴、酿造啤酒和研究矿石都不足以解压时，汉克内心的焦虑转化为日益严重的惊恐发作。吉利根甚至提到了汉克的创伤后应激障碍——特别是在第二季第五集《损耗》中，他在电梯里的惊恐发作——这为他发现沃尔特就是海森堡时发生车祸做了铺垫。[6]

同时，杰西在受到沃尔特带来巨大伤害之前，完全满足于当一个制毒小贩“库克船长”。后来，杰西不得不处理多具尸体（包括一个孩子……）；目睹朋友、亲人和敌人的死亡，甚至亲手犯下杀人罪行；被毒贩子和执法人员打得半死；更不用提他使用违禁药物的经历。所有这些因素都直接导致杰西的创伤后应激障碍。而当缉毒局试图让杰西揭发沃尔特时，他的症状进一步恶化。（在第五季第十二集《狂犬》中，警方想利用杰西引诱沃尔特招供时，杰西惊恐不安，就是创伤后应激障碍所致。）编剧乔治·马斯特拉斯确认杰西患有创伤后应激障碍，在为第四季第二集《点38左轮手枪》制作的《〈绝命毒师〉内幕》播客中，他也给出了肯定的回答。[7]

汉克和杰西都经历过一些创伤性事件，如果这些事件没有对他们产生深远影响，那么就会动摇这部剧的现实基础。考虑到汉克的所见所闻和每天处理的事务，他的惊恐发作——突然陷入焦虑和恐惧，生理上的症状包括颤抖、出汗、呼吸短促和心悸——是完全可以理解的；同样，杰西的焦虑、幻想、精神压力和不断升级的应激反应（心理学上称之为“战斗或逃跑反应”），与经历了特定灾难后遭受创伤后应激障碍的人如出一辙。（希望杰西最终能得到他所需要的帮助，不幸的是，汉克再也没有这样的机会了。）

接下来，我们要更深入地探讨，看看《绝命毒师》中描绘的精神问题到底有多接近现实。

进阶级

“惊恐发作”是近年来常用的口语化术语，与之相关的还有“焦虑发作”。瑞克斯·沃伦博士是密歇根大学精神病学临床副教授，在一次与学校健康博客记者凯文·乔伊谈论惊恐和焦虑发作时，[8] 提出这两种发作有“非常不同的情绪状态”。

焦虑可以理解为对即将发生的事件（死亡或疾病）、小事件（约会）或不确定性过度担忧。焦虑属于慢性疾病，其症状包括“疲劳、高度警觉、不安和易怒”。当担心未来的事件及其可能的坏结果时，人们常常产生焦虑情绪；因此，焦虑发作往往是逐渐产生的。从神经学上讲，这些症状与大脑的前额叶皮质有关，前额叶皮质负责计划和预测。

惊恐发作则是意识到眼前有危险后短暂而强烈的恐惧爆发，产生急性应激反应。惊恐发作的症状类似于心脏病发作，包括心率加快、胸痛和呼吸短促，这些症状的出现可能毫无征兆，通常持续不超过 30 分钟。人身体的自主神经系统（包括不受意识控制的身体机能，如呼吸、心跳和消化）和杏仁核（大脑中涉及情感、生存本能、恐惧和记忆的区域）在此时高度活跃，其作用是探测威胁并做出反应。

人们可能会同时感到恐慌和焦虑。想象一下走在一条黑暗的小巷里（也可能只要读到这部分内容就已经感到焦虑了），预想到可能的危险会导致焦虑发作。要是当真在巷子里遇到黑暗危险的东西（但愿不会如此），惊恐发作是完全可以理解的。事实上，有一种效应被称为“预期焦虑”，人们担心未来会惊恐发作，从而形成一种负反馈循环。经历多次惊恐发作的人，如慢性焦虑症患者，甚至可能会开始回避导致惊恐的现场，以减少焦虑，并降低未来发生惊恐发作的风险。[9]

在《绝命毒师》全剧中，汉克似乎从来没有表现出焦虑障碍症状，但焦虑本身通常是隐蔽的；大多数人甚至无法察觉他人的焦虑。焦虑不过是日常生活中寻常的、适应性的、暂时性的一面，绝对不是衡量一个人是否“坚强”的标准。[10] 根据美国焦虑与抑郁协会（Anxiety and Depression Association of America）的数据，每年约有 600 万美国成年人经历恐慌症，而女性恐慌症发作的概率是男性的两倍。[11] 好消息是，人们没有必要默默忍受或感到难以启齿；心理咨询治疗或药物治疗都对这种疾病有效。

当汉克熟悉的生活日程和原本的世界观动摇时，他就会经历惊恐发作。他与缉毒局当时正在追捕的屠库·萨拉曼卡不期而遇，最终毒贩死在他手上，此举令他荣升精英特遣队。在典型的戏剧作品中，这可能是执法者梦想的场景：干掉恶人，获得嘉奖。但是，为了自卫而夺走他人生命的现实意义，以及突如其来的晋升带来的额外压力，都让汉克无法处之泰然。当汉克进入电梯间的狭小空间时，他的忍耐达到了极点，急性应激反应加速运行；他既不能逃离这个小金属盒子，也不能与已经消灭或还没有出现的敌人战斗。

即便升了职，汉克的日子也并没有好过。在第二季第七集《黑和蓝》中，他发现自己在埃尔帕索的办公室里就像离水的鱼，无人欣赏他特有的幽默，他和同事们也没有共同语言。不过这一次，轻微的惊恐发作反而救了汉克一命，使他免受致命爆炸伤害。剧中，乌龟驮着被砍掉的线人脑袋，接近缉毒小组，炸弹就隐藏在人头里。除了这次创伤事件，第三季第七集《一分钟》中，汉克与萨拉曼卡兄弟的枪战也险些夺走他的生命，汉克花了很长时间精神状态才恢复过来。汉克的坚持不懈证明了他对职业的忠诚。在第五季季中小结局《瞒天过海》中，汉克再一次经历惊恐发作，他发现举止温和的姐夫沃尔特·怀特就是鼎鼎有名的海森堡。这种"天塌下来"的发现，让可怜的汉克压力暴增，心态彻底崩塌，开车时直接偏离道路。

值得一提的是，当面对真正的危险时，汉克总能保持冷静又善于算计。只有在从危险中侥幸逃脱之后，他的焦虑和恐慌才会发作。迪恩·诺里斯在剧中的表演生动地展现了焦虑和恐慌的真实症状——心跳加快、胸口剧痛、头晕、呼吸困难、注意力难以集中、颤抖、出汗等——逼真得可怕。他与克兰斯顿的对手戏也将沃尔特·怀特那句令人生畏的台词提升到了一个全新的高度："如果你不知道我是谁，也许是最好的选择……小心行事为好。"

自始至终，《绝命毒师》剧中的潜在危险都是沃尔特带来的，为此买单的却总是他的搭档杰西·平克曼。杰西缓慢发展的创伤后应激障碍根源于越来越多的一系列创伤事件。他本可以理性地接受一些事件，梳理好自己的生活，但压倒他的第一件事是简·马戈利斯的死（第二季第十二集）。

因此产生的罪恶感让杰西住进康复中心，并在毒品的作用下，陷入了恶性循环。第三季最后一集，编剧们又让杰西杀死盖尔·博蒂彻，再次加重了这种罪恶感，导致他试图靠沉溺于无休止的毒品狂欢和家庭派对来逃避这些感受。

因为总是无法逃脱沃尔特的诡计，杰西越来越不信任这位日渐偏执的合作伙伴（这是可以理解的）。在第五季第九集《血色黑金》中，他浑浑噩噩，漫无目的地开着车，把钱扔到阿尔伯克基社区，精神状态可疑。五季过后，杰西在面对死亡和暴力时，心理防线日渐脆弱，在最终解脱时，他又哭又笑，让人很难不为之动容。

毫无疑问，杰西的确患有创伤后应激障碍。这种精神障碍的形成源于遭遇创伤事件，从生命受到威胁，到车祸、濒死体验、性侵犯或战场上的复杂情况。随之而来的是一系列不安的想法、情绪和梦境，以及相关诱因可能引发的身心痛苦。为了避免这些诱因，有人试图改变行为、思考和感知方式，继而引发战斗或逃跑反应。在上文讨论惊恐和焦虑发作时也提到了战斗或逃跑反应，考虑到创伤后应激障碍会引起惊恐和焦虑发作，这种反应也在情理之中。然而，区别在于这些症状持续的时间：创伤后应激障碍的影响可以持续至创伤事件发生后一个月，而在创伤事件发生不到一个月出现类似症状则会被诊断为急性应激障碍。

1980 年，美国精神病学协会在《精神疾病诊断和统计手册》第三版中正式使用了创伤后应激障碍（PTSD）这一术语，越南战争后，PTSD 取代了几次世界大战时期所说的“炮弹休克症”和“战场神经机能症”。《精神疾病诊断和统计手册》第三版将其归类为焦虑障碍，目前第五版将其归类为创伤和应激相关障碍。

如果病人亲身经历了创伤性事件或者目击创伤性事件发生在他人身上（或同时经历两者），医生可以通过体检和心理评估来诊断。当患者反复受到创伤性事件的画面细节影响，症状持续一个多月，并伴有社交技能损害，影响个人人际关系时，即可确诊为创伤后应激障碍。[12] 虽然我不是医生，但听起来杰西·平克曼的经历符合这一诊断。

患者长期与这种应激障碍做斗争会增加自残甚至自杀的风

险。幸运的是，心理咨询和药物可以帮助 PTSD 患者。当患者产生自残或自杀想法时，心理治疗或“谈话”疗法可以通过传授缓解症状和应对不良情绪的技巧，激励患者更乐观地面对未来，同时解决其他问题，如抑郁、焦虑和药物滥用。患者可以寻求一对一治疗、团体治疗，或结合两者治疗法。不同类型的心理治疗包括：[13]

· 认知疗法：帮助识别可能让患者陷入反馈循环的思维模式。

· 暴露疗法：一种行为疗法，让患者安全地面对那些可怕的场景和记忆，从而克服问题。

· 眼动疗法，眼动脱敏与再加工疗法（EMDR）：将暴露疗法与特定的眼动结合起来，旨在帮助处理创伤性记忆，改变患者对这些记忆的反应。

此外，创伤后应激障碍患者也可以使用药物治疗：

· 抗抑郁药有助于缓解抑郁和焦虑症状，同时改善睡眠和注意力。例如 5-羟色胺再摄取抑制剂（SSRIs），其中美国食品及药物管理局（FDA）批准的品牌包括左洛复和帕罗西汀。

· 抗焦虑药物，可以缓解严重的焦虑症状。

这里我们需要特别注意的是，焦虑障碍和创伤后应激障碍是现代社会中普遍存在的现实问题，因此有很多治疗方式可供患者选择。我想，杰西在永远逃离非法制毒的亡命世界后，会继续寻求帮助，最终在阿拉斯加做一个快乐而健康向上的木工。

副反应 #9：沃尔特口吐真言

在第二季大结局《阿尔伯克基》中，为了治疗癌症，沃尔特接受了手术，术前化学弛缓剂对他产生了影响。这种从未正式命名的高效化学物质很快使沃尔特松弛下来，但也导致他放松警惕，说漏了嘴。斯凯勒问他的手机在哪里，沃尔特回答："哪一个？"要知道老白夫妇曾因为沃尔特的秘密一次性手机大吵一架，这的确是个剧情炸弹。但是术前麻醉真的能起到让人口吐真言的效果吗？

如果沃尔特接受的是非侵入性的小型手术，他可能会被注射吗啡、杜冷丁或芬太尼之类的麻醉剂。然而，沃尔特做的是开胸手术——在后面的剧情中可以看到他侧面的伤疤——所以他应该接受了全身麻醉。[14]但在沃尔特完全失去知觉之前，他接受了手术程序中的麻醉前给药，包括注射咪达唑仑，一种快速起作用的苯二氮䓬类药物（英文名为Versed）。这种镇静剂在五分钟内开始起效，药效可以持续长达六小时，可能会导致短期失忆，但不会让人突然口吐真言。其副作用包括低血压、困倦和呼吸困难。

这种镇静剂本身并不是"吐真剂"，这意味着执法部门可能不会发现它在刑事审讯中有任何用途。[15]然而，手术前的镇静剂确实会让人失去对自己能力的控制，有些人对这种解除抑制的效果做出反应，要么是"敞开心扉"，要么就是单纯的话多。这可能是最温和的行为方式；其他包括恼人的性挑逗、公然敌对或暴力倾向。沃尔特后来为自己辩护说，他本来可以在接受药物治疗的时候说"世界是平的"，但即使他承认自己的制毒行径，大多数麻醉师大概也会把这归咎于患者电视剧看多了。

第十二章　儿科：脑瘫

唐娜·J. 纳尔逊博士

2011年5月12日，我在剧组参观时受邀客串。他们问我："你愿意扮演一名护理人员吗？"我欣然答应。这次客串本应在2011年9月25日播出的剧中出现，但遗憾被剪掉了；不过，在《绝命毒师》第四季蓝光特辑光盘2的"删除场景"里可以看到（见图12.1）。

客串片段出现在整剧第41集，第四季第八集《炸鸡兄弟》里。在这一集中，古斯去疗养院看望赫克托，并告知对方双胞胎侄子在和老白的交锋中死了。我参演的场景是在那个地点拍摄的最后一个镜头，整个场景只有一个摄像机在我身边平移，我站在疗养院入口处，手里拿着书写板佯装写字。这张图就是我那天穿着疗养院工作服的照片。顺便说一下，请注意背景中道具组师傅的胡子，这是剧组男性员工模仿沃尔特胡子造型的另一个例子。

图 12.1　唐娜·J. 纳尔逊博士客串《绝命毒师》
图片由克莉丝·布拉默提供

我记得那天早上 9 点左右就换好了戏服，但是真正拍摄直到那天下午很晚还没开始。那天在片场四处转悠时，我问一个化装师是否要给我化化装，得到的回答是："亲爱的，我们只负责做割伤、擦伤和纹身。"注意第四季光盘 2 中删除的超级实验室镜头，杰西脸上的伤痕就出自他们之手；即使知道实情，这些瘀伤看起来也相当逼真。

我见过的所有电影和电视拍摄现场都存在一个有趣的

共性，就是会提供食物。以我的经验来看，剧组提供的食物几乎能满足所有人的需求。如果有人没找到自己喜欢的食物，只需提出要求，当天晚些时候或第二天就会出现在餐车上。通常情况下，人们可以自由选择餐车里的食物。一到用餐时间，就会有不可思议的自助盛宴，有时甚至会设单独的用餐拖车。

在拍摄间隙，演员们必须保持角色状态。有时这对他们来说是个挑战。如果场景是在房间里，拍摄过程中就要依次移开墙面，一个或多个摄像机进入场景从各个角度拍摄，甚至还会移除屋顶拍摄俯视镜头。更换墙面需要花一定时间，演员们在这段时间就需要处于角色状态中。有时，扮演成沃尔特的布莱恩会绕着片场走来走去，和我们闲聊；他会问我："你最近读了什么不错的化学文章？"我答道："是的，《有机化学杂志》上有几篇不错。"他会回答："不错，我们待会再谈。"

101/ 入门级

我妻子有 7 个月身孕，我们原本没打算再要孩子。我 15 岁的儿子患有脑瘫。我只是个大材小用的高中化学老师。我能上班的时候年薪也就 43,700 美元。我眼睁睁看着同事和朋友一个个都比我混得好。而再过 18 个月我就要死了。你还问我为什么跑？"

——沃尔特·怀特，第二季第三集《阴魂不散》

沃尔特反复与肺癌的斗争贯穿全剧，人们对剧中疾病治疗的关注也大都集中在沃尔特身上。事实上，R. J. 米特饰演的小沃尔特·怀特每天都要面对脑瘫患者真实的挣扎，却得不到和剧中父亲同等的关注。这再次证明了《绝命毒师》的核心故事——毕竟这是关于沃尔特黑化的故事——也部分归功于角色本身的坚强性格和米特的坚定信念。

很多《绝命毒师》的粉丝都知道 R. J. 米特本人也是一名脑瘫患者。然而，鲜有粉丝知道脑瘫对米特运动能力的影响并不像小沃尔特那么严重。例如，小沃尔特行动需要扶拐，还有明显的语言障碍，这两方面米特实际上还需要通过练习来准确演绎。[1] 一个几乎每天都要与自身疾病做斗争的演员本色出演脑瘫角色，的确让人耳目一新。这个角色大可让身体健全的演员来扮演，但对一个从未有过这种患病体验的人来说，就真的只是表演了。

脑瘫症状包括各种可能影响个人交流与行动能力的协调和运动障碍。剧中有几个情节正是围绕小沃尔特的脑瘫症——譬如他在服装店遭到霸凌；父亲告诉精神病医生，儿子的脑瘫是一个负担；小沃尔特盘算如何通过驾驶考试——但也许把小沃尔特塑造成典型的美国青少年更说得过去：多次反抗父母，因未成年酗酒和疑似吸食大麻而被逮捕，最后在家族企业（他父母为洗钱而购买的洗车公司，不是冰毒实验室）找到了第一份工作。

R. J. 米特和《绝命毒师》的拍摄团队出色地刻画了一个脑瘫

患者的形象，也并没有对这种疾病患者表现出过度的同情。但要更多地了解脑瘫为何难以治愈，我们还需要进一步展开讨论。

进阶级

什么是脑瘫？

直到1888年加拿大裔内科医生威廉·奥斯勒创造了“脑瘫”（cerebral palsy，全称为“脑性瘫痪”）这个名称后，脑瘫才为人所知，但这种疾病已经影响了人类数千年。[2]“脑瘫”是个笼统的术语，一般关系到大脑皮层（调节运动功能的区域）和随意肌运动障碍，包括儿童早期出现的一系列运动和姿势异常。[3]

脑瘫是最常见的儿童身体残疾，每500名婴儿中就有1名被诊断为脑性瘫痪，目前全球有1700万婴儿受到这种疾病困扰。脑瘫有四种主要类型：[4]

· 痉挛型：由大脑运动皮层受损引起，导致僵硬、夸张的动作，这类病例占70%以上。

· 手足徐动症/运动障碍型：由平衡和协调中枢基底神经节损伤引起，导致不自主震颤。

· 共济失调型：小脑（脑部与脊柱交界处）损伤，导致缺乏协调和平衡。

· 混合型：同一个体身上发生多种类型的脑瘫。

病因

脑瘫是在婴儿出生前到出生后五年内产生的脑损伤，因此其研究和治疗属于儿科和神经病学领域。这种大脑损伤阻止了大脑的正常发育，特别是控制运动功能的区域，因此不应与实际肌肉或神经本身的损伤混淆。常见病因包括细菌或病毒感染，脑出血，大脑缺氧或窒息，孕妇产前接触药物、酒精、汞中毒或弓形虫病，新生儿产伤，以及头部受伤。早产儿患脑瘫的风险更高，其他风险因素还包括出生体重过低、臀位分娩、妊娠糖尿病、高血压和孕 / 产妇健康状况不佳。然而，有约 20% 到 50% 的病例原因不明，所以这一领域的临床试验从未停止。[5]

临床症状

症状因人而异，主要包括身体运动障碍，肌肉控制、协调和肌张力失调，反射痉挛和平衡失调。脑瘫患者还可能发生感官和智力障碍、说话和学习困难以及癫痫。尽管脑瘫患者可能需要移动辅助设备或语言和听力辅助设备，也或者两者都需要，但他们中大多数人仍然可以正常行走和语言交流。[6]

父母应该密切关注孩子是否达到或错过了重要的发育节点，因为这可能是脑瘫的早期预警。常见的预警信号包括肌张力高、反射痉挛、缺乏协调性和流口水等。由于脑瘫是一组疾病的总称，其他大脑发育问题可能与之共存，包括自闭症谱系障碍和注意缺陷多动障碍，以及已经提到的其他损伤和残疾。

治疗

若孩子出生后 18 个月到 5 岁时出现明显发育迟缓，医生可以使用成像测试，如磁共振成像（MRI）、计算机断层扫描（CT）、脑电图（EEG）和颅超声波来进一步诊断脑瘫。不幸的是，目前没有能让脑瘫痊愈的治疗方法，但是通过早期治疗和终身管理，这种疾病对个人生活的损害可以降到最低。

由于儿童的大脑与身体比老年患者愈合、适应和恢复更快，因此特别需要注意早期培养干预。这有助于脑瘫儿童学会自理，并在最终成年后过上正常而满意的生活。传统疗法、药物和外科手术可以结合起来，共同帮助脑瘫患者提高运动技能。

R. J. 米特的脑瘫程度

米特是在几周大的时候被收养的，直到三岁时才出现脑瘫症状。身体的肌腱紧绷，迫使他踮起脚尖走路，手指也变得僵硬。最终，米特和他的养母——一位单身母亲，得知米特是通过紧急剖腹产出生的，因为呼吸中断，不得不在出生时进行心肺复苏，这给米特造成了永久性的脑损伤。

在确诊后，米特经历了痛苦的六个月。他的脚反复弯曲，因此被打上石膏，以使其伸直。童年时期，米特还接受了语言治疗和提高手眼协调能力的训练。实际上，是在校期间的运动让米特免于手术，并最终拆掉了腿上的支架。而几年后，为了更好地演绎《绝命毒师》中的小沃尔特·怀特，他又和当地医院的朋友们练习使用拐杖了。[7]

脑瘫是一种慢性的终身疾病，因此米特需要持续接受治疗，包括靠瑜伽训练缓解腿部僵硬，以及服用处方肌肉松弛剂。米特作为脑性瘫痪联盟的宣传大使所做的工作值得赞许。[8]他还接受演讲邀请，通过分享自己从校园霸凌对象变成电视明星的个人经历，启迪人们克服逆境，并将劣势转化为优势。[9]米特在《绝命毒师》中的表演让脑瘫成为人们关注的焦点，也体现了残疾演员所能做的工作，但米特深知道阻且长。希望本节内容能在某种程度上有所助益。

副反应 #10：沃尔特·怀特的遗传病史

自从沃尔特确诊癌症并走上制毒之路，癌症就成为《绝命毒师》的关注焦点。而小沃尔特日常与脑瘫的斗争也贯穿始终。第四季第十集《敬酒》中，还提到了第三种折磨人的疾病亨廷顿氏舞蹈症。沃尔特向儿子讲述，他自己的父亲在他六岁时就因亨廷顿氏舞蹈症引起的并发症去世。

沃尔特之所以讲这个故事，可能出于对儿子的操纵，也可能是父子相处的真情流露，抑或是试图为自己的缺点辩护。但从生物学角度来看，这种疾病也很有趣。人们几百年前就发现了亨廷顿氏舞蹈症，但直到乔治·亨廷顿于1872年发现其遗传方式，人们才充分了解这一疾病。亨廷顿氏舞蹈症会导致脑细胞死亡，进而引起情绪波动、智力障碍、协调能力不足和不平稳的肢体动作，随着患者年龄增长，症状会不断恶化。多数患者都是先天遗传，但也有极罕见的病例，在其父母双亲身上都未出现患病迹象。

沃尔特的父亲患有这种疾病——我们假设他的母亲没有——那么沃尔特至多有50%的概率遗传这种致病基因。（常染色体显性遗传意味着只需要在非性染色体上复制一个突变基因就可以遗传这种疾病。）这种突变产生的变异蛋白质会逐渐损害脑细胞，具体机制尚不明确，目前也没有任何治疗方法可以阻止或逆转这种疾病的进程。[10]

说到检查，沃尔特提到他小时候父母带他做过检查，但结果“没有任何问题”。这很可能发生在20世纪60年代，也就是现代基因检测出现之前。此外，由于症状往往不在儿童时期出现，而是要等到年纪很大的时候，因此患者可能很多年都没有症状，或处于潜伏期。不过，20世纪50年代的研究和1968年美国遗传疾病基金会确实推动了这一领域的发展，为未来的检测和认知铺平了道路。1993年之后，开始出现通过血液化验对亨廷顿氏舞蹈症的前瞻性基因检测。[11]

沃尔特提到父亲在他四五岁的时候病得很重，一年后就去世了。尽管沃尔特父亲确诊的年龄以及时间尚不清楚，但大多数情况下，病情会发展15到20年。

这是父亲和儿子间坦诚相见的时刻吗？是为了让小沃尔特记住他的先人而做出的最后的努力吗？还是沃尔特·怀特为了操纵人心而编造的另一个故事？无论如何，克兰斯顿在这里的表演精彩而有力。

《绝命毒师》内幕：正如相关播客剧集所透露的，沃尔特的父亲患有亨廷顿氏舞蹈症的剧情，最初是编剧托马斯·施纳泽提出的。[12]

副反应 #11：霍莉·怀特

谈及剧中有关儿科的内容，不得不说说小宝贝霍莉和她荧幕上的母亲斯凯勒·怀特。正如我提到的，《绝命毒师》花了很大篇幅讲述沃尔特的癌症诊断和治疗，以及由此产生的医疗费用——这是毋庸置疑的。然而，剧中弱化了斯凯勒·怀特的生育成本。

根据 2014 年的数据，在美国，平均来说，光是产妇分娩和护理就需要花费 13,524 美元，新生儿护理还要额外支付 3660 美元。这还只包含生产过程的费用；其他产检、门诊、手续和咨询都是单独收费的。此外，设备使用费、住院费、医生的出诊费，再加上实验室检测、无痛分娩和放射科收费也要考虑进来。

这还是最理想的分娩情况；妊娠并发症会增加成本，剖官产出现并发症单分娩就需要将近 2.2 万美元。然而，法律规定个人自付封顶线为 7,150 美元，或者说每个家庭 14,300 美元，不同的医疗保险计划和保额会相应减少生育支出总额。[13]

观众们只看到了斯凯勒去见妇产科医生（由莱斯·迈尔斯·麦考密克［Reis Myers McCormic］扮演，她的角色在剧中没有名字，不像沃尔特的医生）。这个场景告诉我们：选择分娩方式时必须做出一些重要决定。

在第二季第十一集《曼陀罗》中，医生告诉斯凯勒她的“羊水不足”，建议安排剖宫产，但这要由斯凯勒做决定。斯凯勒听从了医生的建议（尽管霍莉最终是顺产的）。羊水本质上是维持婴儿生命的系统，一般通过超声测量羊水指数（AFI）或羊水深度（SDP）评估。羊水过少，即羊水不足，可能由与肾脏或尿路发育相关的出生缺陷、母体并发症、胎膜或胎盘问题及延期妊娠引起，潜在风险包括出生缺陷；早期羊水不足会导致流产/胎死腹中，以及早产、分娩并发症和生长发育缓慢，即宫内生长受限（IUGR）。如果遇到像斯凯勒一样接近预产期的孕妇，主治医生大概率会建议安排分娩，减少羊水不足带来的风险。[14]

关于怀孕期间吸烟的问题：在《绝命毒师》中，斯凯勒的行为招致了很多人的厌恶——在我看来大部分都是不应该的——在第二季第四集《沉沦》中，她在怀孕期间吸烟，引发众怒。根据美国疾病控制与预防中心的数据，孕期吸烟会导致早产、唇裂或腭裂等出生缺陷，甚至婴儿死亡。吸烟本身会导致女性难以受孕，孕期吸烟又更易导致流产、胎盘异常、婴儿猝死综合征（SIDS）等恶性后果。[15]简而言之，不要这么做。

第十三章　肿瘤：癌症和治疗

唐娜·J. 纳尔逊博士

选择物理学家沃纳·海森堡作为《绝命毒师》中沃尔特·怀特演化的另一人格，有以下几个原因：

沃尔特和海森堡同为天才科学家，海森堡是诺贝尔奖得主，而沃尔特认为自己本该和他人共享一项诺贝尔奖。

海森堡死于肾癌和胆囊癌，类似的，沃尔特认为自己的命运已经注定——死于肺癌。斯凯勒抱怨沃尔特罹患癌症是因为多年前在一个化学应用实验室接触了某些化学物质，当时沃尔特抱怨过没有合适的通风罩。同样，海森堡多年致力于研究铀。沃尔特的癌症可以被看作在全剧中他的个人生活逐渐消逝的象征。

海森堡这个名字很容易让人把海森堡不确定性原理和沃尔特联系在一起。根据这一原理，一个粒子的某些物理属性（如位置和动量）存在不确定性，无法完全精确地测定。将沃尔特与不确定性原理联系起来再合适不过了，因为敌人无法确定他的位置，更无法预测他的下一步行动。

海森堡原理的德文名称被翻译为“海森堡测不准原理”。然而，在海森堡的论文中，他使用了“Ungenauigkeit”（不精确）这个词。无独有偶，沃尔特担心冰毒合成过程不精确，才精益求精，创造出纯净的产品。

101/ 入门级

这些医生讨论着我还能活多久。一年还是两年，好像这是唯一重要的事。要是我病得不能工作，不能享受美食，不能做爱，活着又能怎样呢？仅仅是活着而已？我想在我剩下的日子里，住在自己家里，睡在自己的床上。我不想每天咽下三四十片药，脱发，每天累到只想躺着……反胃到连脑袋都不能动。

——沃尔特·怀特，第一季第五集《灰质公司》

你可能已经猜到下面要聊什么。沃尔特·怀特的非法冰毒交易是剧中重要情节，身患绝症成为他进入犯罪世界的终极跳板，也是他每一个决定背后的借口。在讲故事时这是个很巧妙的手法，虽然也很简单：癌症是一种臭名昭著的疾病，它直接或间接地影响了地球上的每一个生命。它是一眼就能认出来的对手，就像高中恶霸或纳粹一样邪恶。在剧中，这瞬间就能抓住观众的同情心，赋予角色勇气勋章或幸存者标志，或两者兼而有之，只因一个简单的词：癌症。

这个词榨干了沃尔特所有的情感。就像之前讨论的化学反应和化学对生命本身的改变力量一样，确诊癌症对沃尔特的转变起到了催化作用。在那之前，他只是单纯地活着，确诊后他开启了疯狂之旅，生产非法甲基苯丙胺来养活一家人。尽管身体机能快速衰退，沃尔特从这一刻起才开始真正活着。在那之后的每一个生活转折点，癌症和永远相随的死亡幽灵都笼罩着沃尔特——他经常利用这一事实来博得同情——即使只是凭借自己的科学智慧和魔鬼般的运气逃过更暴力、更直接的死亡。

剧中有很大一部分篇幅讲述了沃尔特与癌症斗争的各个阶段，从早期诊断，到化疗和手术的艰难时期，到病情缓解，直至最终癌症复发。在大约两年时间里，我们见证了沃尔特试图（简单地）独自面对癌症，到把这个噩耗告诉了家人，家人立刻讨论最佳治疗方案——治还是不治？——尝试各种治疗方法和住院治疗都加剧了沃尔特的症状。这些体验都是数百万癌症患者真实生活经历的写照。

癌症这个话题说不尽道不完，不可能一章就讲完。但本质上，它是由细胞异常生长引起的一系列疾病，这种生长有可能扩散到全身。我将集中讨论肺癌——肺组织中细胞不受控制的生长——因为沃尔特所患的正是肺癌。但是癌症会影响身体的任何细胞、组织、器官和器官系统。其普遍性和类型之多样，让我们很容易理解，为什么全世界每年为此花费的医疗费用高达万亿美元。[1]

虽然讲述沃尔特更令人兴奋，也更脱离现实的冰毒交易大佬养成之路时，这一话题似乎不再重要，但沃尔特的癌症是本剧永恒的故事线。但要了解剧中对这个问题的把握，我们还需要再深入一点。

进阶级

什么是肺癌？

沃尔特并没有吸烟的习惯，但在 50 岁生日的前一天，他被贝尔纳普医生诊断出患有不宜动手术的肺癌，即使进行化疗，最多也只能再活几年。癌症丑恶的嘴脸在全剧中不断出现，既是沃尔特变成海森堡的诱因，也是沃尔特无法战胜的敌人。幸亏有家人的鼓励，沃尔特最终决定继续接受治疗，我们也有机会了解到更多诊断细节。

在前两季中，全美排名前十的肿瘤专家德尔卡沃利医生负责沃尔特的癌症治疗——被沃尔特的假神游状态弄得不知所措的也是这位医生——最终沃尔特的癌症缓解，病情有所减轻，甚至达到暂时康复标准。在第一季第四集《将死之人》中，正是德尔卡沃利对沃尔特做出“非小细胞腺癌 3A 期”的诊断。

你应该能猜到，“非小细胞”癌不同于“小细胞”癌，“小细胞”癌占肺癌的 10%—15%，因为在显微镜下观察这种细胞呈扁平状，也被称为燕麦细胞癌。[2]非小细胞肺癌包括三种主要亚型——腺癌、鳞状细胞 / 表皮样癌和大细胞 / 未分化癌——视受影响的肺细胞类型而定，也有较少见的亚型。"3A 期"是指癌症从肺部扩散到附近的淋巴结或其他结构和器官，很可能无法实施手术切除肿瘤。[3]

"腺癌"（adenocarcinoma）一般见于肺外周部，发生在肺细胞的早期阶段，最终将分泌黏液（"adeno-"的意思是"与腺有关的"）；这种亚型占肺癌的 40%。腺癌在女性中比在男性中更常见，而且与肺癌相比，更容易发生在年轻患者中，这也是在非吸烟者中最常见的肺癌。[4] 最后一个特点符合沃尔特·怀特不吸烟的角色特征。但这也表明，他在早期职业生涯中接触的化学物质可能是癌症诱因。这种说法准确吗？

肺癌病因

要了解肺癌成因，第一步是识别风险因素。这些因素包括吸烟（占肺癌死亡人数的 80%）、二手烟、氡接触（美国肺癌的第二大病因，也是非吸烟患者的主要病因）和接触石棉。

其他致癌物质（致癌物）包括柴油尾气、放射性矿石（如铀）和吸入性化学物质（如砷、铍、镉、二氧化硅粉尘、氯乙烯、镍化合物、铬化合物、煤炭产品、芥子气和氯甲基醚）。饮用水中砷含量超标、城市空气污染，甚至膳食补充剂 β–胡萝卜素都与肺癌风险增加有关。[5]

这些风险因素要么与个人习惯有关，要么与家庭或工作场所危害有关，大多是可以预防的，也可以尽量减少或完全消除。在第一季第四集《将死之人》中，斯凯勒似乎认定沃尔特的癌症诱因是20年前所谓的“应用实验室”，那里有“各种有害化学物质”，而且至少有一次没有合适的通风罩。沃尔特矢口否认，说：“我们一直采取适当的预防措施。”

然而，有些风险因素是无法改变的，譬如个人和家族病史。曾经罹患肺癌会增加未来再次患病的风险，而基因在癌症风险中起着重要作用。胸部放射疗法作为治疗其他癌症的一种方法，也会增加肺癌的风险，尤其是对吸烟者而言。

沃尔特的确切病因留待猜测。然而，不管具体因素是什么，癌症的机制都是一样的：破坏细胞的DNA，特别是调节细胞生长和分化的基因。这种异常的细胞生长可以形成良性、非癌性肿瘤或恶性肿瘤，后者可以扩散到全身，对身体的许多系统造成破坏。

肺癌症状

在《绝命毒师》中，布莱恩·克兰斯顿成功演绎了肺癌的早期和晚期症状，以及治疗的实际副作用（稍后会详细介绍）。在肺癌的早期阶段，患者会经历以下痛苦：咳嗽，包括持续的慢性咳嗽；咯血或咳出铁锈色痰；呼吸困难和气喘吁吁，称为“喘鸣”；食欲减退导致体重减轻；疲劳；还有复发性感染，比如支气管炎和肺炎。[6] 在试播集中，沃尔特是昏倒后才就医的，可见癌症应该已经影响沃尔特一段时间了。剧中在表现沃尔特癌症恶化或复发时，选择了最简单直白的方式——让克兰斯顿在很多场景中咳血。

肺癌的晚期症状很难用镜头记录，尤其是故事的主要焦点不再是疾病，而是沃尔特·怀特的道德瓦解。当癌症扩散到全身时，出现的症状包括：骨痛；面部、手臂或颈部肿胀；头痛、头晕或四肢无力 / 麻木；黄疸，皮肤呈黄色；颈部和锁骨区域有肿块。[7] 这些症状大多可供观众参考，但要理解沃尔特的慢性焦虑和持续疼痛还有一定难度。然而，如果发现得足够早，肺癌还是可以治疗的。

肺癌治疗

治疗的第一步是正确而彻底的诊断，这一过程可能需要 3 到 5 天。由于没有两个病人的情况完全一样，也没有两种癌症完全一样，因此个性化诊断对于后期治疗来说是必要的。诊断评估项目包括：影像检查，如肺部 X 光和 CT 扫描、痰细胞学检查（换句话说，在显微镜下观察咳出的唾液和黏液中是否有癌细胞）和组织取样，或活体组织检查（简称“活检”）。活检包括支气管镜检查（将带灯的支气管镜通过喉咙伸入下方检查肺部）、纵隔镜检查（通过外科手术从胸骨后侧切口获得淋巴结样本）或穿刺活检（在 X 光或 CT 扫描图像引导下，使用穿刺针获得肺组织异常细胞的样本）。在所有检测完成之后，医生又将通过一系列的成像测试来确定癌症的分期（或发展），包括 CT 扫描、核磁共振成像、正电子发射断层扫描（PET）和骨骼扫描。[8]

根据不同诊断结果，治疗方案也会因人而异。一些患者会选择放弃癌症治疗，更喜欢“舒适护理”来应对症状而不是从病因下手，去经历繁重又折磨人的手术和各种治疗过程。第一季第五集《灰质公司》中，沃尔特的亲人们同他讨论是否应该接受治疗。这一幕令人心酸，尤其是小沃尔特自己还在与脑瘫作斗争，他埋怨父亲由于害怕而不敢接受治疗，并质问父亲，当初如果像现在放弃治疗一样放弃自己的儿子会怎样。

令人惊讶的是，斯凯勒的妹妹玛丽，一个对影像诊断和放射治疗相当了解的放射技师，支持沃尔特最初不接受治疗的决定。这一切都归结于沃尔特的心路历程：是选择在生命的最后几天里尽情享受生活，还是在这个地球上多活一段时间，忍受治疗带来的痛苦、高昂的成本和使人日渐衰竭的副作用？沃尔特一开始并没有选择接受治疗，但最终他决定以自己的方式寻求治疗，这也是贯穿整个剧集的核心主题。对沃尔特来说，要么以他的方式活着，要么以海森堡的方式活着。

但沃尔特决定接受治疗，并不意味着这是一条轻松的道路。据德尔卡沃利说，各种治疗的副作用“可能很轻微，甚至几乎不存在，也可能非常糟糕”。这些副作用包括脱发、疲劳、嗜睡、体重减轻、食欲不振、肠胃问题、肌肉疼痛、牙龈疼痛和出血、恶心、肾脏和膀胱发炎、更易受伤和出血、性功能障碍、皮肤干燥……

数不胜数。

尽管存在副作用，德尔卡沃利医生还是倾向于用“可治疗的”这个词形容沃尔特的境遇，他对放疗和化疗行之有效的记录很有信心，在第一季第四集中他对此做了解释。此外，亲人的乐观和支持无疑有助于患者度过整个治疗过程。在第一季第七集《非暴力交易》中，当斯凯勒提出使用东方疗法和整体疗法等替代疗法时，德尔卡沃利的答复是：“只要希望常在，结果就会大不相同。”

经临床验证且可重复的治疗方法通常包括以下步骤的组合：

· 化疗：静脉注射或口服抗癌药物。结合不同药物在数周或数月内，分阶段进行多个疗程的治疗。这种治疗手段多用于手术前缩小病灶以便于手术切除肿瘤，或用于手术后，或两个时期同时使用，以杀灭剩余的癌细胞；有时也可用来缓解疼痛或其他症状。

· 放射疗法：X 射线和质子直接对准肺部受影响的区域来杀灭癌细胞。放射疗法可以从体外通过放射粒子束治疗，也可在体内应用。短距离放射疗法使用植入物——包括针头、种子或导管——目的是将辐射源放置在癌细胞附近。立体定向身体放射治疗采用多束射线从不同角度对准病灶，可以用来代替手术摧毁小肿瘤。

· 手术：切除小部分（楔形切除）、大部分（节段性切除）、整个叶（叶切除术），或整个肺（全肺切除术）；胸部淋巴结也可以切除。这种疗法存在出血和感染的风险，并发症包括术后呼吸困难，直到肺组织随着时间的推移而扩张，呼吸困难才能缓解。

经确诊，沃尔特的肺部肿瘤无法实施手术，需要接受化疗和放疗，将肿瘤缩小到更易于控制的大小。癌症的发展和治疗效果可以通过各种测试和成像扫描来衡量，比如德尔卡沃利医生在第一季第七集提到的 PET 扫描，以及诊断性或探索性核磁共振。在同一集中，德尔卡沃利还表示他们正确地使用了“止吐药”，避免沃尔特感到恶心，但他想在化疗结束后再看一次 PET 扫描来重新评估。

截至第二季第五集《损耗》，沃尔特已经完成了第一轮治疗，我们有理由对他的病情保持乐观；在第九集《四天已过》中，沃尔特做了一次完整的 PET/CT 扫描，结果证实肿瘤缩小了 80%。只要肿瘤没有生长，从技术上讲，沃尔特的病情就会缓解，这比德尔卡沃利期望的还要好，因为方案最初的目标是减少 25%—35% 的肿瘤。

这对沃尔特和家人来说是个好消息，但扫描过程中出现的异常让沃尔特虚惊一场，因为成像看起来像一个更大的肿瘤。实际上，这种阻滞是肺部组织炎症，也就是放射性肺炎，这是接受放射治疗后“相当常见”的反应，也是引起咳嗽的原因；德尔卡沃利用具有免疫抑制和消炎作用的皮质类固醇药物泼尼松来解决这一副作用。相比而言，很可能是食道撕裂引起的咳嗽出血，是更亟待解决的问题，尽管沃尔特理应受到惩罚——更重要的是，这是个停止走向毒品交易道路的难得机会，但他没有这样做——好消息是，治疗为他赢得了更多的时间。

在第二季第十一集《曼陀罗》中，沃尔特第一次见到胸外科医生布拉维纳克。尽管初次诊断结果并不乐观，但在第一轮治疗后，医生建议沃尔特切除肺叶，认为这是一个“可取的”且“非常不错的”选择。布拉维纳克也自称在其行医履历中，在全剂量放疗后进行此类手术有“很高的成功率”。这是一条危险而激进的道路，如若不然，癌症扩散也只是时间问题。在第二季大结局《阿尔伯克基》中，沃尔特接受了手术。手术室内的拍摄技巧和巧妙的蒙太奇剪辑手法，让观众可以亲眼见证这场手术。镜头扫过，首先是医生仔细擦洗，做术前准备，用大量碘伏给手术部位消毒，继而是隐约可见的手术器械，最后落到沃尔特的大肺叶被切除的画面。

蒙太奇的美妙之处在于，对观众而言时间可以直接跳接，而角色自有其发展轨迹。沃尔特得到手术结果看似是在第二天，其实过了六周左右。尽管剧中没有给出确切的数据，但结果再一次是乐观的。在第四季第八集《炸鸡兄弟》中，沃尔特在肿瘤诊所继续接受治疗。在与一位叫加里的病友的对话中，沃尔特开始混淆自己与另一重人格的界限。沃尔特谈到了 PET/CT 扫描和 X 射线断层扫描作为放射治疗的一部分，但在与担惊受怕的加里交谈时，他也陷入了海森堡模式：

去他的癌症，患癌这段时间可是我人生中最美好的阶段。一开始，他们都说，我被判了死刑。但是，你知道吗？人生下来就是要死的。每隔几个月，我都来做定期检查，明知道随时都有可能听到坏消息，没准就是今天。但在那之前，我的命运掌握在谁手中？我自己！这就是我的人生。

在一年多的时间里，沃尔特对癌症的焦虑让位给他对自己的另一重人格海森堡的担忧，但在第五季第八集《瞒天过海》中，沃尔特发现癌症卷土重来了。

趣闻实情：有一处很有趣的剪辑，沃尔特实际上通过德尔卡沃利医生的旁白得知自己健康状况有所好转，但这个场景被剪掉了，术后检查结果并没有明说。[9] 这是编剧们为沃尔特癌症复发埋下的伏笔。[10] 到第五季第九集《血色黑金》中，结果明了了：情况不是那么理想。

他又得开始接受化疗。但正如他对汉克所说的那样——汉克刚发现眼前之人就是海森堡，还没来得及清算他的罪行——他只是个快死了的洗车店的老板，仅此而已，活不过六个月时间了。尽管癌症复发后沃尔特恢复了治疗，开始一场很可能注定失败的战斗，但最终导致他死亡的还是他的犯罪生涯。

《绝命毒师》内幕：沃尔特在医院接受肺叶切除手术的场景是在阿尔伯克基的吉布森医疗中心拍摄的，这里曾是老洛夫莱斯医院（《风骚律师》中也提到过），吉利根和制片人梅丽莎·伯恩斯坦在《〈绝命毒师〉内幕》播客第412集中讨论过。在这家废弃的医院，还拍摄了沃尔特的神游状态、斯凯勒产检和霍莉出生、汉克的康复训练以及布洛克的中毒治疗等场景。

玛丽·施拉德作为放射技师的职业生涯呢？那是演员贝特西·勃兰特的主意，她希望玛丽是一名医学专业人士，但不是医生或护士。[11] 放射技师是负责诊断成像检查和放射治疗的医务人员，和沃尔特·怀特的疾病有不少交集。这让玛丽获得了足够的内部消息，她在剧中的意见也举足轻重。[12]

副反应 #12：沃尔特的获奖经历

在首播集中，尽管没有任何对话或实验操作，观众仍能感受到沃尔特·怀特的天才之处。我们看见镜头扫过新墨西哥州洛斯阿拉莫斯科学研究中心的一块纪念牌匾：1985年，该中心任命沃尔特·怀特为“质子射线照相术晶体学项目负责人”，并授予他“诺贝尔奖研究贡献者”称号。这份奖励就挂在他的新墨西哥公立学校系统颁发的优等生奖一旁，显然不是无意的。

所以，不单我们很早就知道沃尔特聪明绝顶，教高中化学简直大材小用，沃尔特也每天都在提醒自己，他的重要学术成果在成年后被遗忘了。简而言之，这就是沃尔特·怀特的伤心之处。

事实上，1985 年的诺贝尔化学奖由赫伯特·亚伦·豪普特曼和杰罗姆·卡尔勒共同获得，表彰他们“发展直接测定晶体结构的方法而取得的杰出成就”。豪普特曼生前是一名美国数学家，开发了一种开拓性数学模型，用来确定结晶化学物质的分子结构。豪普特曼拥有数学和物理学科的双博士学位，非常适合解决棘手的 X 射线晶体学问题。卡尔勒生前在芝加哥大学时曾与妻子伊莎贝拉·卡尔勒博士共同参与曼哈顿计划，在以三维形式的“直接法”确定多达 1000 个原子构成的分子结构上贡献斐然。[13]

第十四章　毒理学：蓖麻毒素、铃兰，和氰化物？

唐娜·J. 纳尔逊博士

因为担任《绝命毒师》的科学顾问，我得以在2011年为美国化学学会的全国会议组织了两次专题讨论会。这种交流很重要，足以改变人们对化学家在好莱坞担任科学顾问的态度，美国化学学会成员也开始考虑尝试接受这种角色。讨论会上，科学家们也了解到一些电视剧已经设有科学顾问，并且在努力做到正确地展示科学。能够见证科学顾问们发言并同他们交流是一种全新的体验。

第一次研讨会在阿纳海姆第241届美国化学学会全国大会期间举办。莫伊拉·瓦利-贝克特（Moira Walley-Beckett）谈到《绝命毒师》剧组正确展示科学知识的目标。这部剧在烂番茄上的好评度早就达到了100%，足以印证它在大众中受欢迎的程度。当时是2011年3月，第四季还在编写创作阶段。

这部剧在评论家中的好评率为90%左右（2010年是89%，2011年是96%），表明这部剧在圈内广受好评。《绝命毒师》五季结束时，在美国专业影评网站“Metacritic”上的好评度高达99%，在2014年创下了吉尼斯世界纪录，成为史上评分最高的电视剧。[1]

情理之中，出席2011年3月2日研讨会的，除了莫伊拉·瓦利–贝克特，还有参与《豪斯医生》的凯茜·林根费尔特（Kath Lingenfelter），参与《尤利卡》的杰米·帕利亚（Jamie Paglia），参与《祖拉巡逻队》《尤利卡》和《太空堡垒卡拉狄加》的凯文·格雷泽（Kevin Grazier），以及科学作家西德尼·珀喀维兹（Sidney Perkowitz）和马克·格里普（Mark Griep）。这是我和学会同事首次召集一批科学顾问来参加全国会议专题研讨会。当我们决定促成这次研讨会时，并不确定演讲者能否出席；会议地址（加利福尼亚州阿纳海姆）距离有“世界媒体之都”的伯班克不远，我们希望能起点作用，事实证明的确如此。座谈会反响空前的好，会议室里座无虚席，有约六百人到会。

同样，2011年8月在丹佛举行的学会全国会议的第二次研讨会上，出席会议的除我之外，还有简·埃斯本森（Jane Espenson）（《卡布里卡》《吸血鬼猎人巴菲》和《太空堡垒卡拉狄加》的科学顾问）、亚伦·托马斯（Aaron Thomas）（《CSI：

纽约》的科学顾问）和科琳娜·玛丽娜（Corinne Marrinan）（《CSI：专营权》和《代码黑色》的科学顾问）。

101/ 入门级

沃尔特·怀特："这是蓖麻豆。"

杰西·平克曼："这是用来干什么的？你以为这是《杰克与魔豆》的故事吗？顺着豆茎往上爬就能逃出去？"

沃尔特·怀特："我们要用它们来提炼蓖麻毒素（ricin）。"

杰西·平克曼："大米豆（rice）？"

沃尔特·怀特："蓖麻毒素，是种剧毒物质。"

——第二季第一集《73 万 7》

毒药一直是小说家们偏爱的谋杀方式。在间谍活动中毒药是性感而神秘的物质，据说无法察觉，难以检测，是实施完美犯罪的关键要素。从约瑟夫·凯塞林的戏剧《砒霜与旧蕾丝》（1944 年改编成弗兰克·卡普拉的经典同名电影）和阿加莎·克里斯蒂（她在世界大战期间在医院药房工作，学到了很多毒药知识）在经典悬疑小说中使用的多种多样致命化学物质，到现代谋杀悬疑片和惊悚片，毒药无处不在，出现在像《绝命毒师》这样的热剧中或许不足为奇。

然而，在这部剧里，"投毒谋杀"（至少是有这种动机）的数量之多令人吃惊。这些微妙而阴险的杀人方式往往被毒贩（或海森堡本人）更为公开的暴力行为所掩盖，但对观众的心理影响更持久。《绝命毒师》的粉丝们，只要一提到“蓖麻毒素”和“铃兰”这些词，就会起鸡皮疙瘩。（如果你不记得剧中简短提到的石房蛤毒素，也情有可原。）

蓖麻毒素是《绝命毒师》中的“契诃夫之枪”。（“契诃夫之枪”一词来源于安东·契诃夫关于叙事方法的经典建议：“如果在第一幕你把手枪挂在墙上，那么在下一幕你就应该开枪。否则就不要放在那里。”）蓖麻毒素第一次出现是在第二季第一集《73万7》中，沃尔特想出了用这种毒素不留痕迹地除掉墨西哥毒枭屠库·萨拉曼卡的计划，结果以失败告终。在第四季第七集《麻烦狗》中，沃尔特有了第二次制造蓖麻毒素的机会，这一次目标是古斯·福林，最终也以失败告终。但至少他没有用蓖麻毒素来毒害布洛克·坎蒂略——杰西女朋友安德烈娅的儿子——这与杰西的猜测恰恰相反。这种强力毒药在最后一季重新登场，对任何敢于挑战沃尔特的人都是一个持续的威胁。古斯·福林的甲胺供应商莉迪亚·罗达特-奎尔，是最后一集《告别曲》中唯一死于蓖麻毒素的角色。

在蓖麻的种子或者说“豆子”（并非真正的豆子）中含有蓖麻毒素。蓖麻毒素能通过吸入、注射、摄取或吸收引起中毒，扰乱人体蛋白质制造机制，终止细胞最基本的功能。由于蓖麻毒素的剂量和进入人体的方式不同，中毒症状可能需要数小时或数天的时间才会出现，这一点很受投毒者青睐，让他们有足够的时间迷惑调查人员并确立不在场证明。摄入这种毒素的症状包括严重的恶心、呕吐、腹泻及吞咽困难，随后是粪便带血和吐血；吸入和吸收毒素的症状不一，从咳嗽、发烧到类似严重过敏。症状可持续长达一周，但如果不通过治疗来减弱毒素的影响，器官衰竭和毒素对中枢神经系统的影响可能会导致死亡。

铃兰则无须任何加工就能致毒。在《绝命毒师》的粉丝们看来，这种不起眼的林地植物就像蓖麻毒素一样臭名昭著。在第四季第十二集《世界末日》中，沃尔特（或者是听命于沃尔特的人）用铃兰毒害布洛克，医生后来证实了就是这种毒素。具体如何下毒并没有在剧中呈现，但第四季结局《半脸》以沃尔特后院里植物的镜头结束，强烈暗示他参与了毒害男孩。

这种气味芬芳的开花植物浆果颜色鲜艳，引人注目——尤其吸引孩子们——但其茎、叶和花都有毒，一旦摄入必然中毒。这种植物含有超过 12 种可能影响心脏功能的化学物质，即使少量摄入也会导致腹痛、呕吐、心率降低、视力模糊、嗜睡和皮疹。儿童和宠物尤其容易误食这种植物而中毒，但都是可治愈的。

那么，石房蛤毒素呢？你可能不会马上想起这个，第五季第十二集《狂犬》中玛丽只是随口提到过石房蛤毒素。她和汉克得知沃尔特就是海森堡时，石房蛤毒素曾是二人永久除掉沃尔特的备选方法。虽然玛丽并没有就此黑化——除了偶尔入店行窃——

但石房蛤毒素可不是闹着玩儿的。我只能说，这种化学物质可能导致瘫痪。接下来你应该能猜到，过量食用贝蛤会引起这种结果，因为海洋鞭毛藻和淡水蓝藻生成的神经毒素会积聚在这些美味海鲜中。

为了搞明白以上毒素是如何影响人体的，看看《绝命毒师》的剧情有多接近现实，我们需要深入讨论。

> 杰西·平克曼："他没病，他是被下毒了。"
> 古斯·福林："怎么会这样？"
> 杰西·平克曼："那些医生也不知道。"
>
> ——第四季第十二集《世界末日》

进阶级

什么是毒理学?

毒理学是关于化学物质对生物有害作用的多学科研究，以提供针对性诊断和治疗方案。这些化学物质包括在活细胞或生物体内产生的毒素，以及人工合成的毒物。毒理学与生物学、化学、药理学、医学和护理学重叠，从许多学科中提取有用信息用于研究。中毒风险不仅为《绝命毒师》的情节增添了戏剧性、阴谋和紧张感，而且成功展示了众多科学学科的完美交叉。

虽然剧中的蓖麻毒素最吸引眼球，剧中还出现了其他毒药。

以下逐一分析：

石房蛤毒素

这种强大的神经毒素常见于贝类中，如扇贝、蛤、牡蛎和贻贝；在河豚和罗非鱼中也有发现。石房蛤毒素不溶于水，耐热、耐酸，可在贝类中储存数周甚至两年，普通烹饪方法不能消除毒素，人体摄入后会导致贝类神经麻痹中毒（PSP）。

石房蛤毒素是一种神经毒素，会阻断神经元的钠通道，这意味着它可以破坏正常的细胞功能，导致麻痹。基本上，如果这些细胞不能正常工作，身体无法与受损部位进行交流，就会导致麻痹。当 PSP 症状逐渐恶化时，受害者从表面上看毫无变化，并能保持意识清醒，直到死于呼吸衰竭。它的半数致死量（LD50，“lethal dose 50%”的简称，表示在规定时间内，使试验群体半数死亡所需的剂量）仅为 5.7 微克每千克，也就是说，体重 100 千克的个体只需摄入 0.57 毫克；从比例上来说，比一粒沙子还小。通过伤口或注射进入体内的蛤蚌毒素，毒性约强 10 倍（100 千克的个体致死剂量为 50 微克）。雾态的石房蛤毒素的致死剂量约为 1 分钟吸入 5 毫克每立方米，这个测量值考虑到了呼吸频率的变化。（例如，1 分钟在每立方米空气中吸入 1 毫克石房蛤毒素，就是 1 分钟吸入 1 毫克每立方米；30 秒在每立方米空气中吸入 2 毫克石房蛤毒素，或 2 分钟在每立方米空气中吸入 0.5 毫克石房蛤毒素，也等于 1 分钟吸入1毫克每立方米。）石房蛤毒素因此成为世界各国军队青睐的武器试验材料；它被列入《禁止化学武器公约》的附表1，这意味着其主要用途就是作为化学武器。

针对石房蛤毒素的治疗方法包括活性炭清除胃肠道污染、碱性溶液洗胃（使用胃管或注射器），以降低毒素的效力，同时进行24小时监控和气道管理，以应对呼吸系统麻痹。然而，用于改善肌肉无力的药物尚未通过临床试验评估。[2] 幸运的是，剧中没有一个人成为"实验室小白鼠"（讽刺的是，豚鼠比人类更容易受到这种毒素的影响），这种高度致命的蛤蚌毒素只被提到过一次。汉克的反应是："天哪，玛丽！"

铃兰

铃兰（*Convallaria majalis*）名称优美，在中国、日本、欧亚大陆和美国都很常见。这种植物的每个部分都有毒，从鲜亮的橙色浆果和芬芳的花，到伸展的地下茎（或根状茎）和叶子。这种毒性属于植物演化出的自然防御系统的一部分，目的是防止动物吃它。铃兰的特殊毒性在于植株中约38种强心苷，这类有机化合物可以抑制心肌细胞的钠－钾泵（全称为钠钾三磷酸腺苷的"转移泵"）。这种重要的细胞膜酶对细胞生理至关重要，所以当强心苷类改变泵的功能时，心率会下降，收缩力和泵血量都会增加。这听起来很糟糕，但从已有研究看，强心苷实际上可以用于治疗心律失常和充血性心力衰竭；考虑到毒性问题，也为了更好地控制剂量，合成药物已经取代了天然生成的化学物质。

然而，在铃兰中发现的强心苷会对心脏以外的其他身体部位造成严重损害。罪魁祸首是化学物质铃兰苷、铃兰苦苷和铃兰毒苷。除了循环系统的影响，铃兰中毒症状还涉及眼睛、耳朵、鼻子、嘴巴和喉咙（视力模糊，眼睛周围有黄色、绿色或白色的晕圈），肠胃系统（腹泻、食欲不振、胃痛、呕吐或恶心），皮肤（皮疹或荨麻疹），还有神经系统（思维混乱、抑郁、定向障碍、困倦、昏厥、头痛、嗜睡和虚弱）。这些症状只出现在慢性服药过量的病例中。

疑似中毒者应该立即进行医疗救助，这正是安德烈娅·坎蒂略在布洛克生病时所做的，她把布洛克送到了医院。在这个场景中，安德烈娅描述儿子的症状就像一场不断恶化的流感，这与上面列出的诸多症状吻合；布洛克最终被送入儿科重症监护室接受治疗。对症治疗包括监测生命体征、使用活性炭、辅助呼吸和静脉输液；病情严重的话可能需要用心电图来监测心跳，再加上临时起搏器。[3] 看到这里，你可能恍然大悟，布洛克的身体反应似乎就是铃兰中毒的症状；沃尔特声称精确计算了要给那男孩投喂多少，从各方面来看，倒是有点站不住脚。

蓖麻

蓖麻（*Ricinus communis*），是地中海东南部地区、东非和印度地区常见的多年生开花植物，为单种属植物。这种植物的种子，蓖麻豆，由大约 50% 的蓖麻油和被称为蓖麻毒素的水溶性毒素组成。这种剧毒化学物质是一种凝集素——能结合碳水化合物的蛋白质。具体来说，它被归类为 2 型核糖体失活蛋白质，这个名字很拗口，但有一个好记又颇具讽刺意味的简称：RIP（英语 “Rest in Peace”，意思是 “愿逝者安息”）。这种化合物中的两条蛋白质链共同作用，侵入并改变细胞，阻止核糖体的信使 RNA 组装氨基酸，从而抑制蛋白质合成。细胞生长和维护中的这种基本功能一旦失去，细胞、组织和系统很快就会开始崩溃。RIP，名不虚传。

如果摄入蓖麻毒素，比如在不知情的情况下将一包蓖麻毒素倒入甘菊茶中，短短 6 小时内就会见效。

趣闻实情：蓖麻毒素是一种蛋白质，在 80 摄氏度（176 华氏度）以上的温度下会变性，这正好是热饮的温度范围。这一次沃尔特走运了。[4]

虽然蓖麻毒素有可能被消化系统中的酶降解，但残留的蓖麻毒素仍可能对胃肠道黏膜造成损伤。

在几小时内，也可能是五天后，胃肠道黏膜会出现疼痛、炎症和出血。这些症状会严重到患者呕吐带血和大便带血的程度。由于体内液体流失，低血容量可导致胰腺、肾脏和肝脏衰竭，继而休克，具体表现为定向障碍和麻木、虚弱和困倦、极度口渴、尿量低和尿中带血。尽管如此，食用蓖麻种子却可以防止蓖麻毒素进入人体系统，因为蓖麻种子的外壳难以消化。然而，彻底嚼碎并吃掉五六颗蓖麻种子，就会令成年人毙命，因为果肉中含有更多的蓖麻毒素……这就是为什么沃尔特提炼出蓖麻油并浓缩剩下的毒素。

在第二季第一集《73 万 7》中有一段蒙太奇剪辑，呈现了沃尔特和杰西用蓖麻提炼蓖麻毒素的场景。在此，必须提醒读者**不要在家中尝试**。蓖麻毒素在美国由卫生与公众服务部监管，被列为极度危险物质，对其生产、研究和存储设施有严格要求。但是纯粹出于求知的好奇心，沃尔特去除蓖麻豆的外壳、烹煮、捣碎果肉、过滤果肉，并用溶剂提取蓖麻毒素的过程，本质上是准确无误的。[5]

趣闻实情：

在制作蓖麻毒素的那段剪辑中，花生被用来代替蓖麻豆。[6]

如果沃尔特的蓖麻毒素真的像人们所说的那样纯净，他需要大约一颗盐粒大小的毒素就能干掉屠库、古斯或莉迪亚。而且由于目前还没有有效的解药，一旦下毒，任务就差不多完成了；中毒 36 到 72 小时后就会死亡。[7]

这听起来相当可怕，但只要接受足够的治疗，大多数患者可完全康复。美国疾病控制与预防中心（CDC）建议公众避免一切接触蓖麻毒素的可能，这听起来是个不错的建议。倘若你碰巧遇到海森堡并怀疑自己中了蓖麻毒素，主要对策应该是尽快清除身体的蓖麻毒素并寻求对症治疗。第一步是快速脱掉和处理随身衣物，然后冲澡，将蓖麻毒素的影响降到最低。根据接触方式不同，对症治疗方法包括呼吸支持、静脉输液、服用治疗癫痫和低血压的药物、用活性炭洗胃和冲洗眼睛。与通常的直觉相反，对于疑似摄入蓖麻毒素的人，既不建议诱导呕吐，也不建议摄入液体。[8]

莉迪亚·罗达特－奎尔很可能还活着——尤其是沃尔特告诉了她中毒原因，而且她在约十二个小时前才接触到毒素，有足够的时间去看医生——而另一起中毒案例的结局更为明确。《绝命毒师》的创作团队并没有透露其中使用的神秘毒药，但编剧助理戈登·史密斯对此进行了深入研究。[9]

神秘毒药

我们可能永远不会知道这种有害的化学物质到底应该是什么——在第四季第十集《敬酒》中，古斯·福林用这种化学物质给“蓝宝石”龙舌兰酒（Zafiro Añejo）下毒，毒杀整个墨西哥贩毒集团的领导层。我们看到福林自己也喝下了毒酒，但他给自己催吐了——你千万别这么做；虽然违反我们的直觉，但实际上只有少量毒素会通过呕吐排出体外，而其余的则会被送入消化系统的深处。

此外，在《〈绝命毒师〉内幕》播客中，吉利根说福林服用活性炭片来减缓毒药的作用。[10] 这让他在贩毒集团的领导以相当迅速而惨烈的方式死亡时，有时间得到针对性治疗，逃过一劫。依我看，古斯用的其实是氰化物。因为这是一种速效毒药，能在几分钟内导致眩晕和失去意识，然后是心脏骤停。但我们可能永远无法知道确切答案。

在美国，如果你有关于中毒或预防中毒的问题，即使不是紧急情况，也可以致电 1-800-222-1222，每周 7 天，一天 24 小时，随时可以拨打。也可访问 www.poison.org。

第十五章　药理学：药物、成瘾和过量

唐娜·J. 纳尔逊博士

从一开始我就意识到，编剧和剧组成员的主要目标是继续推出下一季。他们想一炮打响。正如之前所说，我的目标要跟他们保持一致，否则他们会礼貌地告诉我："谢谢合作，如果还需要您，我们会联系您的。"此后便音信全无了。

但在与剧组目标一致的前提下，我觉得我还是能发表一点个人看法。我要给剧组传达的最重要信息不会妨碍这部剧热播。那就是：科学和科学家并未得到公众应有的欣赏。

近年来，基金会、社团、政府、大学、学院、媒体各方面都在努力向公众普及科学知识，然而还没有类似的行动来提高公众对科学和科学家的欣赏。这里面存在一种微妙而真实的差异。

科学给我们带来生活中各种便利的新产品；科学带给我们华丽的纺织品、汽车部件、药品、电脑和其他设备部件、医疗器械、飞机、地毯、天花板瓷砖、墙壁涂料等。而这种神奇的科学是由科学家带来的。

确定要传达这个信息后——我要尝试一种社会性的转变——我向文斯、导演、编剧、演员，以及我所接触到的剧组每一个成员表达了自己的想法。最后在第四季第一集《美工刀》的一幕场景开拍前，我拿到供评估的脚本时，才意识到，我说的话起到了作用。

剧中场景大致是这样的：沃尔特和杰西待在超级实验室里，等着看古斯对盖尔被杀作何反应。古斯到了，见维克多正在工作，开始换实验室工作服。沃尔特预计古斯会因盖尔的死有些过激行为，觉得应该跟古斯谈谈。沃尔特也看穿他和维克多的合作已然破裂，他要用自己的方式脱困，让古斯意识到自己和杰西无可替代。他打赌古斯完全沉浸在毒品交易的成功中，一切决定都只会和贩毒生意有关。

沃尔特的说法是，他和杰西是古斯生意成功的关键，作为优秀的化学家，他们能保证古斯的生意蒸蒸日上，但维克多做不到。他相信古斯对其化学家身份以及出色化学研究能力的赏识。古斯最终听信沃尔特的话，用美工刀切开了维克多的喉咙，然后换回了他的工作服，让沃尔特和杰西继续工作。

读到这里，我认为已经实现了自己的目标。这个场景淋漓尽致地展示了通晓化学和尊重能力出众的天才化学家的重要性。从科学角度来看，这一幕是可信的。剧中使用科学制造戏剧性，给观众抛出了一系列有关化学的高水准话题。这一幕尖锐的对话唤醒了观众的好奇心，他们可能会试图学习并理解这些化学知识。

101/ 入门级

照你这么说，我们为什么要反复做一件事？如果说都是一样的，那我是不是该只抽这一根烟？也许我们应该只做一次爱？只看一次日落？或者只活一天？每个时刻都是崭新的，每一次都是新的经历。

——简·马戈利斯，第三季第十一集《阿比丘》

毋庸置疑，《绝命毒师》是一部警示片，它告诫人们不要制造、交易或使用非法药物，但它也展示了很多黑暗的东西。尽管粉丝们想把沃尔特·怀特捧为一个理想的反英雄，但他身后留下的无疑是死亡和毁灭。他的诸多违法行为——令人惊讶的是，除了吸食少量大麻外，绝不包括吸毒——包括他亲手或授意他人制造的多起命案。你可以依据观众从什么时候开始反对沃尔特来判断他们是否支持沃尔特：是在他勒死疯狂小八的时候吗？是他为了控制杰西而毒害一个孩子时？还是他面对简·马戈利斯的窒息无动于衷时？

剧中简·马戈利斯的死亡——究竟在多大程度上归咎于沃尔特，粉丝们会在未来的岁月里争论不休——让人唏嘘不已，而在更广泛的话题中，吸毒和吸毒过量同样令人悲痛。剧中极少美化吸毒行为或毒品交易带来的暴利，也确实煞费苦心地描绘了毒品危险又致命、万劫不复的一面。无论是对杰西的毒贩朋友瘦子皮特、康博和小獾的角色塑造，还是对吸食冰毒的街头妓女温蒂日常生活的呈现，抑或对斯庞格（从杰西那里偷东西的瘾君子）一家肮脏居住环境的描述、对杰克·威尔克白人至上主义团伙暴行的展现，随着剧集的推进，《绝命毒师》中的毒品文化越来越令人绝望。唯一的“赢家”——至少暂时的——是那些掌控毒品帝国又与之划清界限的高层管理者，以及少数成功戒毒并保持清醒的吸毒者。

我们必须认识到电视剧中展示的毒品如何影响现实世界中的人。具体来说，我们需要了解什么是冰毒、为何成瘾，又为何极具破坏性。掌握这些知识不仅有助于提升观看体验，也助于抑制任何追随剧中沃尔特·怀特脚步的黑暗欲望。

药物到底是什么呢？总体来说，药物指任何以鼻吸、注射、口服等方式摄入体内并引起身体变化的非营养性物质，包括用于治疗疾病的药品、用于改变情绪或感知的精神活性化学物质，以及用于改变意识的消遣性药物。从阿司匹林到羟考酮，从咖啡因到可卡因，从大麻到甲基苯丙胺，所有这些药物都根据其化学结构、效力、成瘾性和副作用而分为不同类别，受到不同的管制。

当药物的效力同时具有奖励性和增强性时，服用者就会上瘾，本质上是劫持大脑正常的奖励系统，最终使药物的重要性高于一切。上瘾一开始可能是自己选择的生活方式，也可能是基因、环境或心理因素所致，也可能是多种因素共同作用的结果，但慢性上瘾实际上会使人体产生生理变化。这些身体结构变化使人更难摆脱毒瘾，同时也增加了身体对药物的耐受性，长此以往则需要服用更大剂量的药物。戒断、过量用药和升级到更强的药物的风险使问题更加复杂。这是一种恶性循环，但毒瘾可以结合药物和行为治疗来戒断，已有研究强调了将两种方法结合的重要性。[1] 如果杰西和简当初能更认真对待这件事，这部剧可能会走向完全不同的方向。

接下来，我们将进一步去了解冰毒及其影响，以及人们戒掉毒瘾有多么难。

进阶级

理解药物的机制和它们如何影响身体是一大挑战，需要借助多学科方法，于是形成了药理学这门复杂学科。这一生物学分支主要研究身体和影响其功能的化学物质之间的相互作用。药理学的研究领域广泛，包括药物的组成、药物工程和生产、药物的作用机制、人体器官和系统的作用机制、细胞通信和相互作用、药物应用和毒理学等诸多方面的研究。这个专业涵盖了生物化学、细胞生物学、生理学、遗传学、神经科学和微生物学，该领域研究的复杂性显而易见。药理学研究自19世纪兴起发展至今，一直在推进新药的研制和对人体内部运作的认知。

苯丙胺及其衍生物甲基苯丙胺和甲基苯丙胺盐酸盐，同样起源于19世纪。1887年，罗马尼亚化学家拉扎尔·埃德林（Lazār Edeleanu）在德国合成了苯丙胺——他命名为异丙基苯胺，后来更常用的名字是α-甲基苯乙胺，简称苯丙胺，音译为安非他明。几年后，1893年，日本化学家长井长义（Nagai Nagayoshi）用被称为麻黄碱的药用兴奋剂合成了甲基苯丙胺。1919年，日本药理学家阿雄贺多（Akira Ogata）用红磷和碘还原麻黄碱，合成了甲基苯丙胺盐酸盐。即便到此时，很多术语可能依然听起来不知所云，但《绝命毒师》的粉丝们应该对其中一些词并不陌生。下一章中，我会进一步介绍制造冰毒的细节。

虽然冰毒是《绝命毒师》的重要组成部分，这部剧却只用相对很少的篇幅讨论了这种毒品对人的实际影响。也许是出于讲故事“看破不说破”的原则，而且剧中对毒品使用的视觉呈现比让人阅读药物安全数据表要有趣得多。尽管如此，最好还是将剧中对吸食冰毒的华丽摄影和视觉呈现留存在脑海里，我们来深入研究一下冰毒作用的具体细节。

甲基苯丙胺是强兴奋剂——一种增加身体活跃度的药物，能使人精神振奋、带来愉悦感。它影响中枢神经系统，或者说大脑和脊髓；主要用于消遣，较少数情况下用于治疗注意力缺陷多动障碍（ADHD）和肥胖症，低剂量的冰毒可以改善情绪、提高意识、增强注意力和活力，并减少食欲。然而，高剂量服用会导致精神失常、骨骼肌崩溃（横纹肌溶解）、癫痫发作和脑出血，慢性高剂量暴露会导致疯狂的情绪波动、幻觉和暴力行为。[2]（注意：精神病进入充分发展期的患者在受到刺激时会产生幻听、幻视，大概类似于《绝命毒师》第一季第四集《将死之人》中，杰西在冰毒作用下产生幻觉，误以为有两个骑机车的人拿着砍刀、手雷朝他奔过来。[3]）

冰毒因其低剂量效应，在第二次世界大战中被德国和日本军队用来帮助士兵保持清醒和警觉，并提高工人的生产力；但因为副作用和滥用风险，冰毒最终越来越少被用于这方面。冰毒的副作用很多，从食欲不振到过度活跃、抽搐和颤抖，但最明显的副作用包括搔抓障碍——不正常地抓挠皮肤——以及口干和磨牙，导致“冰毒牙齿”或“冰毒嘴”。[4]剧中最能体现这些特征的是斯庞格夫妇和妓女温蒂，还有第二季结局《阿尔伯克基》中，沃尔特闯进吸毒窝点解救杰西的场景。这段剧情完美地安插在简因服毒过量死亡后和杰西第一次去戒毒所接受集体治疗前的时间段里。

冰毒也被用于消遣，因为它带给人的愉快和春药性质足以满足几天的性狂欢，这是“派对游戏”亚文化的一部分。这类体验往往后果严重，包括嗜睡症，即白昼睡眠过度。[5]（在第二季第三集

《阴魂不散》中，多亏了温蒂的证词，杰西利用这一特性为自己提供了不在场证明）。这些副作用，加之冰毒的高成瘾和依赖性，以及对大脑结构和功能的神经毒性影响，无疑表明使用这种药物弊大于利。这就是为什么冰毒在美国被列为二类管制药品——已知可能造成滥用和依赖性，但也允许在严格监管下用于医疗。而在我写这本书时，大麻仍属于一类管制药物。

在理想世界里，使用冰毒涉及的所有副作用和法律问题将足以阻止人们将其用于消遣。但我们生活的世界并不是理想世界，《绝命毒师》中描绘的也不是。事实上，要避免冰毒带来的所有问题，最好是永远不去碰它，正如著名的禁毒运动口号（最后在网络上爆红）所说："冰毒：拒绝第一口"（Meth: Not Even Once）。但是，由于冰毒成瘾是一个现实的问题，在《绝命毒师》中也有描述，所以我们有必要探究到底什么是成瘾，又有哪些可行的戒瘾治疗方案。

我们可以通过神经模型来理解和解释长期吸毒成瘾，因为大脑特定部位的基因表达会因定期接触这些化学物质而发生改变。具体来说，这些变化发生在大脑中被称为伏隔核的区域，该区域对于大脑奖励系统和强化脑部通路起到重要作用。当然，伏隔核也与成瘾息息相关。大脑成瘾状态涉及单个转录因子（与 DNA 结合并改变基因表达的蛋白质）和神经递质（跨细胞突触传递信号的化学信使），这类话题超出了本节讨论范围，但在亚细胞水平上观察化学物质错综复杂的相互作用，看看大脑成瘾时那些脑部通路的变化如何产生破坏性影响，着实有趣。

从根本上说，若长期使用甲基苯丙胺等兴奋剂，神经递质多巴胺在神经通路上游的浓度增加，成瘾就开始形成。这使某些转录因子在神经元内积累，从而改变大脑的生理结构，以一种被称为"负可塑性"的方式"重新布线"，改变其自然功能。这种不良适应会导致上瘾状态，而这种状态比许多人理解的更具生理性，不能简单地通过"精神战胜物质""突然戒除"或"坚强起来"来解决。这种上瘾模式不仅局限于冰毒，还涉及酒精、大麻素、可卡因、尼古丁和阿片类药物等。

长期使用冰毒会上瘾，上瘾又会增加冰毒的使用；这一恶性循环的复杂性在于人体对这些药物产生耐药性的自然倾向。冰毒戒断症状包括比可卡因使用者更严重和更持久的抑郁，其状态与药物耐受水平呈正相关。换句话说，长期吸毒会使耐受性增强，戒断症状随着时间的推移加重。除了因戒除冰毒（戒毒手段的英文也叫"Comedown"）而引起的并发症——过度嗜睡、食欲增加、高度焦虑、精神病、偏执和深度抑郁[6]——随着耐受性增强，服用过量药物的风险也会增加，因为吸毒者需要更多的冰毒才能达到同样的高潮。

"过量"是指服用或注射的药物剂量超过推荐或一般处方用量，但这一术语并不适用于没有确定安全剂量的毒药。从术语来说，药物过量属于毒理学范畴，后果可以是急性的，也可以是慢性的，可能导致中毒甚至死亡。任何毒品的使用都可能导致过量，近年来美国每年都有数万人因海洛因和阿片类毒品使用过量而丧命。海洛因也是一种极易上瘾的毒品，因纯度和效力不同，每次使用都有过量风险。在第二季中，杰西的情人简·马戈利斯，一个正在康复的瘾君子，最终让杰西爱上了冰毒和海洛因的结合体——所谓的“速度球”。同时服用这两种毒品会增加药效，但是兴奋剂（冰毒）也可能掩盖镇静剂（海洛因）的致命作用，使人很难认识到潜在的过量风险。在第二季第十二集《涅槃》中，正是海洛因导致了简的死亡。

简遇见杰西时已戒毒一年多并处于康复期，就这样死于吸毒过量，的确令人惋惜，但这就是现实世界中真实的不幸。瘾君子戒毒后一旦回到熟悉的环境，即便时隔一年或更长时间，都有可能染上旧习。一些有吸毒史的人故意过量服毒，以摆脱“无路可走”的境遇，而像简这样的人，则是由于长时间不服药导致耐受性下降，吸毒过量而意外死亡。[7]

毫无疑问，吸毒的严重后果是个严肃的话题，所以我想以一个更充满希望的基调来结束本章。研究发现，处于康复期的复吸者，如果处在一个没有那么强的自我毁灭倾向的环境中，并且有团体支持的话，结果会更积极。对于简而言，遇到杰西是她的不幸，即使父亲唐纳德竭尽全力，她还是回到了老路。

沃尔特的不作为当然不能挽救简的生命，但他让杰西活了下来，带他重新戒毒。《阿尔伯克基》中，简死后，沃尔特从当地称为“射击场”的毒品窝点救出杰西，把他送到收费高昂的“宁静康复中心”。在离开戒毒所后，杰西似乎过得很好，甚至在第三季中参加了匿名戒毒互助会。但不幸的是，杰西只是利用互助会寻找其他冰毒成瘾者以贩卖毒品。如果他能坚持戒毒计划，本可以改变自己的生活。这对杰西来说是最好的选择，但对《绝命毒师》的粉丝来说却不够激动人心。

当然，现实世界中也存在戒毒机构，旨在为吸毒成瘾者提供有利环境，安全面对滥用药物的问题，停止滥用药物并避免吸毒引起的诸多并发症。这些机构会提供药物治疗吸毒及戒断引起的抑郁症和其他相关症状，并结合专家咨询和团体咨询。治疗类型包含住院治疗和门诊治疗、本地化支持小组，以及上门咨询等。《绝命毒师》中提到的匿名戒毒互助会是一个真实存在的组织，吉利根和编剧约翰·史班透露，他们联系了这个组织，以便把他们的宣传资料和标志甚至组织顾问的建议都融入剧中。[8] 你可以在他们的官网 NA.org 上找到更多信息。

化学Ⅲ

至此，本书已经列举了《绝命毒师》中几乎所有主要的物理和生物元素，但还有更多的化学元素等着我们去探索。有人可能会问什么时候开始讨论制毒；坐稳了，马上开始。正如缺少合适的化学物质就无法制造冰毒一样，我首先要回顾一下沃尔特和杰西在整个系列中最重要的制毒原材料，看看他们对甲胺的计算是否正确。由于无法考证海森堡和竞争对手产品的纯度，我会回顾剧中用到的各种分析方法，以确保测量无误。

在这一节中，我将讨论第五季的《空舱》一集中那场非同一般又雄心勃勃的火车劫案，这场劫案让沃尔特和杰西拥有了一车厢（其中一小部分）的甲胺来维持制毒大业。在剧中，整个劫车的过程惊心动魄，但我要关注的是一段让人印象深刻的对话，讨论的则是相当寻常的稀释问题。

虽然分析化学听起来就像奇瓦瓦沙漠一样枯燥，但你也会惊讶地发现，《绝命毒师》展示了一系列有趣的设备和技术。我将依次介绍这些趣味横生的实验室设备和技术，并在最后转向全书中最具代表性的章节，考察《绝命毒师》五季中贯穿始终的有关冰毒制造的科学知识。准备好迎接一大堆冰毒数学题吧！

第十六章　甲胺：稀释大法

唐娜·J. 纳尔逊博士

《绝命毒师》常在阿尔伯克基附近取景，我也有幸受邀随同拍摄。有时，室外取景比在摄影棚拍摄要复杂得多。为了确保安全，必须封锁街道，附近企业要关闭一天或数天，或者租用民房几天、几周甚至几个月。这或许是一项复杂的工作，某些情况下甚至存在安全隐患。这也意味着任何无关人等都需要远离拍摄现场。

剧组多次在阿尔伯克基郊外的沙漠取景。其中有一次格外令人难忘，充分展现了整个剧组人员的随机应变。当时沃尔特被打倒在地上。在拍摄一个镜头时，布莱恩·克兰斯顿注意到一只蚂蚁在沙漠里爬来爬去。蚂蚁的出现在拍摄计划之外，但摄制组灵机一动，索性让蚂蚁入镜。他们还预估了蚂蚁要去的方向，对取景做出相应的移动。我很好奇蚂蚁是否知道发生什么不寻常的事情。整个剧组配合得相当好。

我记得拍摄那天，狂风吹过平坦的沙漠，风势很猛，经常一说话就弄得满嘴都是沙子。有时剧组成员不得不多穿点衣服来抵御风沙。

当天还拍摄了一个场景，沃尔特开车经过阿尔伯克基。但实际上，沃尔特驾驶的汽车装载在一辆卡车上，摄像机和摄影师也都在卡车上。在电视上看起来很简单的场景，实际拍摄却花了不少工夫。

车祸场景必须一次完成拍摄，因为实际撞车时里面还有一位特技替身。一次完成拍摄既是考虑到安全，也是从预算出发。按计划，撞车要表现得很有戏剧性，汽车陡然转身，把车里的人甩到一边，可能会有风险。另外，把一辆完美的汽车撞坏，着实代价惨重。在车祸实际发生前后，分别拍摄了布莱恩在车里的场景。整个镜头是通过一架吊在起重机上的摄像机拍摄的。拍摄车祸场景时，为了安全起见，我和剧组其他工作人员一同待在将近一个街区以外的地方。

101/ 入门级

我们要偷 1000 加仑甲胺。1 加仑 40% 浓度的甲胺水溶液会产出 7.4 磅冰毒。乘以 1000 加仑，每磅冰毒 4 万美元，合 2.96 亿美元。”

——沃尔特·怀特，第五季第五集《空舱》，删除镜头

“稀释解决污染”是经典的实验室行话——我个人从来没有尝试过——也是一个老掉牙的谚语，从一开始就是错误的。这个方法试图通过加入大量的水来降低污染物的浓度（也就是稀释它），来解决污染问题。在实验室中，这些稀释的“溶液”（英文 solution，既有解决方法的意思，也有溶液的意思）规模相对较小，由废物处理服务机构管理。但在世界范围内，污染仍然是一个主要问题。环保主义者会一针见血指出“污染混合区”仍然是合法存在的，这是一个漏洞，工业经营者可以在不符合水质标准的情况下将任何排放物稀释到水道中，造成水污染。[1] 毒素、化学物质和细菌等污染物会在水道和食物链中累积，所以稀释绝不是解决污染的办法。

但在第五季第五集《空舱》中，“稀释”似乎是沃尔特解决原料短缺问题的绝佳方案——这可能是最极端的稀释课程。在本集中，《绝命毒师》的编剧们想到一种新奇的方法——抢劫火车，让沃尔特和制毒团队获得制毒所需的原材料。在莉迪娅·罗达特-奎尔提供给他们的化学材料被缉毒局控制后，莉迪娅建议他们抢劫“甲胺的海洋”——每周经过的甲胺货运列车。（在后面的章节中，我会讲到甲胺是如何被用于制造冰毒的，同时还会解释为什么沃尔特拒绝了麦克提出的用伪麻黄碱作为替代方案的建议。）莉迪娅还透露了成功实施抢劫的具体操作细节，这将能救她一命，同时保住她的非法勾当。

但是莉迪娅关于装载化学物质的货运火车通过沙漠死亡区的故事真的合理吗？如果我说制作团队竭尽全力将这次劫案拍得真实，《绝命毒师》的粉丝们应该不会意外。剧本协调员兼研究助理珍·卡罗尔曾就这一集反复同编剧兼导演乔治·马斯特拉斯核实。他们联系了一位退休的危险品列车专家，了解到关于以下细节的明确规定：

- 化学品和货物的适当标志
- 厢车编号，字母和数字的正确组合
- 油罐车的正确位置，距离发动机至少在 6 辆车之后
- 高架桥离十字路口有多远
- 证实存在火车失去无线电和手机通信的“黑暗地带”

这种向现实主义致敬的方式令人佩服！在这个场景中，制作团队使用一个真正的火车头拉着一长列实打实的货物车厢，美工设计师马克·弗里伯恩的团队还在一些货车上涂鸦，增添道具的可信度。甚至连“空舱”这个词都是真实的描述，指的是一辆空车，车上仍然有燃料并且消耗运输成本。（也许计划在真正的“黑暗地带”拍摄取景并不是最好的主意，因为这意味着剧组成员自己的无线电和手机通信也会中断；在实际拍摄时这一点得到纠正。）[2] 虽然抢劫的现实层面问题被解决了，但在涉及甲胺本身的时候，这部剧仍然需要更好地处理细节。

瓦姆诺斯杀虫公司的托德在火车劫案中向沃尔特提出的问题，大概也是观众的疑惑所在。但在讨论冰毒背后的数学知识之

前，我应该再说说甲胺。这种有机化合物通常溶解在甲醇、乙醇或水等溶剂中出售，也作为一种无水气体装在工业用加压罐中运输。（在《绝命毒师》蓝光碟删除的场景中）沃尔特明确指出，他们抢劫了 40% 的甲胺水溶液，所以我们将以此为前提讨论。

甲胺的密度小于水。密度是单位体积的质量，就相同体积的液体而言，甲胺的质量将小于水的质量。沃尔特一行人需要加入等量的水来替换从罐车上偷来的甲胺，因为罐车在列车运行开始和结束时都要称重，稍有偏差，公司就会发现劫获或者泄漏问题。但是由于密度差异，确切来说是质量上的差异，他们只需要用体积更少的水来替换被抢劫的密度更小的甲胺。

那沃尔特的计算和假设符合实际情况吗？卡罗尔还咨询了科学顾问——本书的合著者——唐娜·J. 纳尔逊博士，验证这些与化学相关的细节。为了解释具体验证方法，我们继续往下聊。

进阶级

既然已经提到了数学，我们就来聊聊与冰毒有关的数学。沃尔特明确指出甲胺水溶液的浓度是 40%，我们也可以通过计算来验证。40% 的甲胺水溶液相对密度为 0.89（水的相对密度为 1）。水的密度为 1000 千克每立方米，40% 的甲胺水溶液密度则为 890 千克每立方米。不幸的是，因为这帮“大盗”以加仑为单位计量水和甲胺，我们还得做一些单位换算。1 立方米相当于 264.172 美制加仑。也就是说：

剧中油罐车的甲胺总容量为 24,000 加仑（远远低于美国 DOT-111 油罐车约 30,000 加仑的最大容量）。沃尔特计划取出 1000 加仑的甲胺，用同等质量或者说“重量”的水替代。据沃尔特说，所需的水量大约是 900.24 加仑。（“算上溢出和水管里残留的水”，沃尔特甚至估到了 920 加仑。）

因此，就 40% 的甲胺水溶液而言，

1000 美制加仑 = 3.785 立方米，质量约 3369 千克

这个质量需要用等量的水来替换：

3369 千克水相当于 3.369 立方米，也就相当于 890 美制加仑

快速验证方法是使用甲胺与水的相对密度值（0.89）。考虑到只是口算，沃尔特的计算已经非常接近了，但即使根据环境温度调整水和 40% 甲胺水溶液的密度值，也算不出沃尔特的 900.24 加仑。老实说，这些精确的计算根本用不着，因为抢劫本身使用的是一个强力泵搭配粗糙的流量计来记录流入或流出量；这与正常压力环境下的精确测量不太一样。

在观影时，这绝对是奇妙的一幕，适合在任何时候重温，你会看到沃尔特先从罐体底部泵出甲胺，然后再从顶部将水泵入罐体。卡罗尔再次咨询唐娜 · J. 纳尔逊博士，算出密度更大的水会以多快的速度流入剩下 23,000 多加仑的甲胺中；过早加入水会进一

步稀释他们要窃取的化学物质，太晚加入又会浪费宝贵的时间。不过，吉利根并不完全相信他们的小水泵能让水流入的速度与甲胺流出的速度保持一致。但我们就不追究这个了，毕竟沃尔特的算法是无误的。

抢劫即将开始时，托德又向沃尔特提出了一个问题。他明白为什么必须用水来替换偷走的甲胺，但也明智地指出，最终结果是公司将收到一批稀释的甲胺，难道他们不会察觉吗？沃尔特的回答是肯定的，公司方面确实会注意到大约4%的浓度差异，可能会“怪罪中国供应商提供了残次批次”。但在这里他的算法正确吗？

油罐装载了24,000加仑浓度为40%的甲胺水溶液，大约相当于90.85立方米，总计80,856千克。（也就是说其中40%，即32,342千克是甲胺本身，其余48,514千克是水。）

沃尔特要偷1000美制加仑的溶液，总共3369千克（其中1348千克是甲胺），再灌回去900加仑的水，总共3407千克。

一旦火车开动，现在甲胺为30,994千克，溶于49,900千克的水中，总重量为80,894千克。

总重量相差0.05%，应该在列车称重站的偏差范围内。

最终油罐里装载的是浓度38.33%的甲胺溶液，的确算是“残次批次”，相差约4.2%。真有你的，沃尔特！

如果数学不是你的强项，再坚持一下，马上有结果了！在这一集的一幕花絮中，沃尔特计算出这次抢劫的收入将是空前的，比史上最大的几次火车劫案加起来的涉案金额还要多。以下是沃尔特的推算：

1 加仑 40% 的甲胺水溶液可以制毒 7.4 磅

7.4 磅 ×1000 加仑，以每磅 4 万美元的价格卖出，为 2.96 亿美元

这个数字准确无误，尽管非法冰毒的黑市价格高度不稳定。不过，沃尔特一行人也算是走大运了。

趣闻实情：

成功抢劫了 1000 加仑甲胺，德鲁·夏普意外被害，此后麦克和杰西决定退伙。在第五季第六集《买断》中，二人想让他们的竞争对手——冰毒分销商德克兰购买他们手中持有的甲胺。沃尔特显然不想放弃这笔不义之财，也没有“金盆洗手”的欲望。沃尔特拒不让步，所以确切来说让麦克和杰西拿去卖掉的甲胺只有 666 加仑了……

第十七章　分析一下吧！

唐娜·J. 纳尔逊博士

从一开始拿到脚本评估准确性时，剧组就没给过我整集剧本，只提供了剧情的基本信息。2011 年 5 月首次去片场时，我惊讶地发现所有人跟我的情况都是一样的。

在头两季播出后，的确有必要采取措施防止剧本泄露。这部剧实在太受欢迎了，所以有人试图提前拿到剧本。除了只拿到相关的页面，有时有些部分甚至还有修订标记。但是大家都理解这种行为，我没有听到任何人抱怨过。

不管导演距离拍摄现场有多远，拍摄过程中他们总会同时在监控屏幕上查看拍摄结果。无论是在摄影棚几英尺外，还是在车祸现场的一个街区外，导演们都会盯着监视器看。这保证了拍摄的连贯性，保证导演看到的镜头和在电视上呈现给观众的完全一致。无论如何，这的确保证了《绝命毒师》拍摄和监制的高水准。

在片场，每个人都有一把椅子，就像导演椅一样。椅子在监视器后面排成一排，导演们离监视器最近，后面是副导演和剧组其他主要人员。每把椅子背后都贴有名字，保证每个人都有地方坐。后面一排是当天有拍摄任务的演员的椅子，上面也写着各自的名字。再后面一排椅子上没有写名字，我就坐在那里。我注意到大家对专属座位的态度非常严肃。通常来说，他们要么坐自己的位置，要么就站着。偶尔有人在别人椅子上坐一小会儿，只要一见到椅子的主人过来了，二话不说就立马起身，这是一种尊重。

101/ 入门级

我对你的生产体系了如指掌，我的合伙人告诉我，如果你运气够好，冰毒纯度也只有 70%。但我的冰毒纯度能够达到 90%。

——沃尔特·怀特，第五季第七集《叫我海叔》

沃尔特·怀特制毒水平有多高？在《绝命毒师》的世界里，他是顶级的。如果不是，沃尔特这个人物就会变得索然无味，他的冰毒也不会成为从阿尔伯克基到捷克共和国的毒贩圈炙手可热的产品。我会在第十八章详细介绍沃尔特制毒的科学原理。先来回顾一下出自海森堡之手的冰毒无与伦比的质量，而最值得一提的当然是纯度。

在试播集中，沃尔特初次制毒，就得到了杰西的高度赞扬。因为使用伪麻黄碱制造法，成品外观酷似玻璃，他的冰毒被称作是“玻璃级”。在第一季第四集《将死之人》中，汉克和美国缉毒局阿尔伯克基分部刚刚得知镇上有一位新的制毒师，他的产品达到了毒品检测实验室所见过的最高纯度，确切来说高达 99.1%。

第四季第一集《美工刀》中，雄心勃勃的盖尔·博蒂彻——他那个堪称完美的笔记本无疑是良好实验习惯的典范，但也预示了沃尔特和杰西的结局——告诉老板古斯，竞争对手的冰毒纯度极高，不过他也解释不清为什么是蓝色的。当然，盖尔绝对能制出纯度达 96% 的冰毒。但对家的样品纯度达 99% 甚至“比那还略高一点”。盖尔提到他需要一个气相色谱仪来确定纯度——对此稍后会详细介绍。（在本集中，博蒂彻正为古斯搭建全新的超级实验室，他说，这些设备对标辉瑞和默克等制药巨头的设备，这么高的成本是值得的。）

在剧中，沃尔特的冰毒一直保持超高水准，杰西的制毒水平也逐渐提高了不少。从一开始以“库克船长”出道，偷偷往冰毒里加辣椒粉，自称是他的“粉红牌辣椒冰毒”，到第四季第十集《敬酒》中，杰西在贩毒集团的实验室里自制了一批测试品，已经成功实现了令人叹服的 98.2% 的纯度。

剧中其他次要角色也自己尝试制毒，譬如托德。在第五季第十三集《藏金之地》中，他设法生产纯度 75%—76% 的冰毒（结果把实验室搞着火了)。在第五季第十集《掩埋》中，竞争对手德克兰的制毒师只能制造纯度为68%的冰毒，这糟糕的表现使莉迪娅一怒之下对德克兰的整个团队发布追杀令，让杰克的白人至上主义帮派干掉他们。(维克多自己也尝试过，但还没来得及测量纯度，他就被古斯以骇人的方式亲手杀死。)

与这些人一比，观众就知道沃尔特到底有多强了。但对于像《绝命毒师》这样注重科学准确性的剧集来说，粉丝们的要求更严苛。因此，编剧们相当明智地提到了一种设备：气相色谱仪。

这种分析设备可以分离出样品的化学成分，并通过将样品与参考标准进行比较来确定其纯度。(古斯实验室的确相当先进，但通常情况下，这个纯度值要么通过与计算机连接的监测器显示，要么稍后再计算出来。数据结果显示的快速上升可能是制作团队为了方便观众理解而捏造的。) 我们可以把这种化学物质的分离类比成棱镜将白光分解成可见光光谱的方式。入射光是白光，而在另一端会形成七种不同颜色、不同波长的光。气相色谱仪也能将样品分解成各种成分。工作原理不同，但思路相似。

如果测量化学成分需要精密的机器，盖尔是如何在没有气相色谱仪的情况下测量沃尔特样本纯度的呢？这台分析设备到底是如何工作的，测量对象是什么？如果没有设备和技术支持，托德怎么可能测量样本的纯度呢？要理解这一点，我必须把这次讨论的科学水平提高到99%。

进阶级

了解如何测量冰毒纯度，首先必须知道甲基苯丙胺中首选的化学成分是什么。我们将从这一点开始学习色谱法的基本原理，这个过程是如何将不同的化学成分分离出来以鉴定纯度，这些原理又是如何运用在气相色谱仪中的。

甲基苯丙胺的化学式是 $C_{10}H_{15}N$，但它也是一种所谓的外消旋混合物。在这里，我们有必要复习一下前面提到过的“手性”。“手性”是对分子或离子几何结构的描述。通常情况下，由于存在不对称的碳中心，手性分子或离子不能与镜像重叠。手性分子 / 离子的镜像称为对映体，可分为右手性或左手性。理解并控制这些旋转方向对有效合成此类混合物至关重要。像甲基苯丙胺这样的混合物，含有等量的左旋和右旋对映体，称为左旋甲基苯丙胺和右旋甲基苯丙胺。（英文名称的前缀“levo”指左旋，即使偏振光的平面向左旋转 / 按逆时针方向；“dextro”指右旋，即向右旋转 / 按顺时针方向。通常被简化为“l”和“d”。）

仅仅合成甲基苯丙胺是不够的，还需要控制整个制毒过程，以产生优选对映体。（沃尔特在第四季第一集《美工刀》中对此有过精彩的演讲，为了打压可能接替自己的人选、巩固他作为化学大师的地位，沃尔特滔滔不绝地说出了一连串化学术语。）左旋甲基苯丙胺是非处方鼻腔减充血剂中的活性成分，是一种收缩血管的兴奋剂，能对周围神经系统起作用。与甲基苯丙胺相比，它对多巴胺的影响相对较小，而且不产生愉悦感，不会让人成瘾。因此，制毒者及其客户更喜欢全部或大部分控制为右旋甲基苯丙胺的产品，而海森堡能满足这一需求。

从理论上看，这似乎是完美无缺的。但要证明化学成分的实际“纯度”或百分比，需要复杂的分析技术。为此，人们发明了色谱法，通过分离混合物来鉴别和测量化学成分。混合物本身溶解在一种流体中，化学家称之为“流动相”，流动相携带样品通过一个容器，容器中含有另一种称为“固定相”的物质。由于组分在流动相和固定相之间分配系数的差异，依据混合物中化学成分的不同，一些成分会比其他成分移动得更快。“保留时间”是指每种化学物质在固定相中停留的时间，由此就能识别和分析每种化学物质。（色谱法也可用于分离混合物，以获得纯净的成分，供以后使用。这叫作制备色谱法而不是分析色谱法。）

简而言之，混合物中的一些化学物质更易停留在流动相（因此在容器中移动得更快），而另一些化学物质更倾向停留在固定相（因此在容器中移动得更慢）。成分差异——如分子量和沸点、极性、分子的物理尺寸，甚至所使用仪器具体的特征差异——流动相流速、容器类型和效能，都会推动或阻碍充分分离和分析化学物质本身的能力。[1]

色谱法包括柱层析法（固定相置于一根直立管内）、平面色谱法（固定相在平面上或就是平面本身，如纸色谱法和薄层色谱法）、气相色谱法和高液相色谱法等。在色谱法 100 多年的历史中，分离混合物化学成分的具体方法多种多样，而且越来越复杂，但《绝命毒师》只采用了一种方法：气相色谱法。使用气相色谱仪的基本步骤如下：

· 样品溶解在溶剂中；在第四季第十集《敬酒》中，古斯实验室里的化学家用研钵和杵把样本磨碎，然后溶解在某种未知溶剂中。

· 少量（以微升为量级）的液体被注入气相色谱仪。（这个场景中使用的仪器似乎是参照现实中的 GOW-MAC 系列 580 气相色谱仪，制造商称之为实验室的“老黄牛”。）[2]

· 样品在机器内加热至气态，将“气”放入“气相色谱”，或将“气相”放入“气相色谱”。

· 随后，某种载气携带样品气体（流动相）通过机器，这种载气要么是像氦这样的惰性气体（在给定条件下不会发生化学反应），要么是像氮这样的不活泼气体。

· 样品通过一根长管，长管是盘绕的，在相对较小的空间内能提供更大的表面积。这根管或柱表面涂了一层薄薄的物质，即样品可以与之相互作用的固定相。

· 管的末端有一个检测器，测量组成样品的各种化学成分在到达末端的时间内浓度的变化。这将显示为色谱图上的一系列峰值。

如果在现实中，这个过程真的像剧中呈现的那样快速即插即用，即时计算出结果，那就太好了。不幸的是，实际测试可能需要一个小时或更久才能完成。而且，一旦考虑到在多次运行样本之前从色谱柱中排出所有样本的“放空”过程，等待时间就会更长。对了，还有一个步骤是分析一种（或几种）化学物质的对照样本，用来与未知混合物的色谱图比对……这才是真正的实验室工作啊！

借助计算机的确提高了效率，减少了科学家们人工手动计算的负担，但为了确定样品的化学成分和纯度，仍然需要对多个色谱图进行分析。第一个峰值通常代表所使用的溶剂，而随后的峰值代表首选的化学物和任何潜在污染物的存在。经过仔细分析，有经验的技术人员可以确定杰西的样品中左旋和右旋甲基苯丙胺的纯度。（想象一下，如果杰西坚持在制毒过程中使用辣椒粉，色谱图上的曲线会是什么样子？）《绝命毒师》镜头中呈现的当然更容易让观众看懂，但不幸的是，它并不现实。

另一个用以鉴别样品成分的设备是质谱仪。简单地说，这个装置测量样品中化学成分的质量。用稍微复杂一点的术语来说，分析技术将样品的组分电离，并根据它们的质荷比（指带电粒子质量与电荷之比）将其分类。采集的数据可以帮助确定样品的同位素特征（或不同类型同位素的比例）和组成分子的质量，并有助于分析起作用的化学结构。质谱可以用来确定样品中甲基苯丙胺的组分以及左旋和右旋甲基苯丙胺异构体的比例。[3]实验室中经常同时使用气相色谱仪和质谱仪，尤其是在需要鉴定和对样品中甲基苯丙胺进行量化计算的药物检测实验室中。

如果盖尔·博蒂彻不使用气相色谱仪就能算出沃尔特的冰毒样本纯度为99%，那他用的是什么方法？也许在还未正常运行的超级实验室里藏着一个质谱仪。假设盖尔并没有这样一种设备，那他一定有其他的办法来确定纯度（稍后详解）：[4]

熔点：在大气压力下固体变为液体的温度；此时固/液相处于平衡状态。一种特定化学物质的熔点可以用来鉴别固态化合物的纯度。熔点实际上是一个很小的温度范围，从样品开始熔化或软化，直到完全熔化；如果样品是纯净的，熔点就相对较高。任何杂质都会影响固体本身稳定的晶体结构，这将扩大温度范围，使熔点本身降低。

样品的熔点可以使用多种设备进行测量，譬如像科夫勒热台那种带有温度梯度的金属条或热台显微镜，或熔点测定管，这种设备使用热油加热装在带有温度计的毛细管中的样品。实验室最常用的测量熔点的装置是熔点测定仪；它配有一个放大的目镜，可以让观察者看到毛细管中位于加热元件旁边的样品。剧中盖尔大概使用了类似的东西测量右旋甲基苯丙胺的参考标准——熔点为

170℃ /338°F——用来与沃尔特的样品对照。海森堡的冰毒必须足够接近目标熔点，从而使盖尔有信心估出 99% 的纯度，但是温度和时间波动范围都极小，很可能在统计误差范围内。[5]

分馏：分析海森堡冰毒样品的纯度还有另一种可行的方法，即将混合物分离成其组成成分，称为分馏。为了得到这些成分，需要对样品进行加热以使单个成分汽化；换句话说，将其蒸馏成馏分。这种方法有助于分离沸点差不到 25℃的成分，如乙醇（沸点为 78.4℃）和水（沸点为 100℃），简单的蒸馏设置可以用于沸点温差大于 25℃的成分。简单蒸馏和分馏在实验室里都很常见，所以盖尔肯定有足够的知识和资源来实践这一方法。

趣闻实情：分馏也被大规模应用于石油工业，将原油的成分分离成不同沸点的碳氢化合物，就能从同一来源中获得汽油、煤油、柴油等燃料。

正如前面提到的，就《绝命毒师》的情况而言，这些通过分离进行分析的方法意在弄清左旋和右旋甲基苯丙胺的比例。还记得我说过这两种化学物质互成对映体吗？这意味着它们具有相同的物理性质（熔点、沸点等），只是光学活性（偏振光平面的旋转方向）不一样。简单来说，就是对映体非常、非常难以分离，熔点或蒸馏检测都无济于事。盖尔的超级实验室可能至少需要一个气质联用仪（将气相色谱仪与质谱仪联合起来使用的仪器），要尽可能精确地检测，还需要一个手性色谱柱。手性色谱柱是固定相的变体——管或柱上有涂层，其中包含一种对映体，可根据不同手性成分对流动相和固定相的亲和力将其分离出来。[6]

现在你知道为什么观众和实验室技术人员会更喜欢《绝命毒师》的简化版分析化学了吧！既然只是约 99.1% 的准确度，我就不多说了。

副反应 #13：玻璃器皿

在《绝命毒师》的拍摄现场有很多看起来很疯狂的玻璃器皿。在试播集中，沃尔特囤积了很多必需品，他也倾尽全力教杰西在制作冰毒的过程中选择合适的玻璃器皿。至少其中一部分器皿是合乎情理的。在第一季第五集《灰质公司》中，杰西试图把新知识教给朋友小獾。这对我们来说也是个学习玻璃器皿的绝佳机会！

烧杯

格里芬烧杯（Griffin beaker）：一种带有导流口和刻度的玻璃杯，这种多用途器皿由 19 世纪英国化学家约翰·约瑟夫·格里芬设计。

量杯（Volumetric beaker）：剧中杰西误称这种小玻璃器皿为“量杯”，不过小獾也不会知道这里面有何差别。“量杯”指在给定的温度下用来量取特定体积液体的容器。按烧杯上的刻度标记只能达到近似值，不能用于精确测量。如果要精确测量，你就得用……

烧瓶

容量瓶（Volumetric flask）：也叫量瓶或刻度瓶，这种细长颈、梨形的平底容器是一种精密的计量仪器。容量瓶常被用来配制标准溶液（由已知浓度的元素组成的溶液）以保证精确稀释，正如沃尔特所说，“用于一般的混合和滴定”。

圆底烧瓶（Round-bottom boiling flask）：这种容器不言自明，是由耐热硼硅酸盐玻璃制成的，可用于加热、煮沸、蒸馏液体并进行化学反应。由于底部是球形的，这些烧瓶通常被夹在凹形软木环中或固定在支架上。在《试播集》中，沃尔特对5000毫升的烧瓶情有独钟。而在后面的剧情中，这种烧瓶引起了汉克对高中化学实验室储藏室的注意，正如他所说，“冰毒迷喜欢在这个宝贝里制毒”。这些容器，就像列表中所有的其他容器一样，有各种各样的尺寸，实验室用的可能达到20升，工业生产中用到的甚至更大。

埃伦迈尔烧瓶（Erlenmeyer flask）：也叫锥形瓶或滴定用锥形烧瓶（说实话，埃伦迈尔烧瓶这个名字更好），这是一种具有圆柱形颈，锥形瓶身的平底容器，由德国科学家埃米尔·埃伦迈尔于1860年发明，并因此得名。这种烧瓶的好处在于旋转时溶液不会溢出，因此非常适合滴定。锥形瓶也适用于加热煮沸，是进行重结晶的理想容器，不过锥形瓶不能用来测量。汉克在追踪一名失联线人的过程中，前往魏恩高中，就是为了寻找在沃尔特和杰西的沙漠制毒点发现的锥形瓶，他还注意到其中一些烧瓶正是沃尔特化学实验室的储藏室里丢失的。

平底烧瓶（Florence flask）：在设计和用途上与圆底烧瓶相似，但通常是平底的。平底烧瓶用于均匀加热、煮沸和蒸馏，并易旋转。

凯氏烧瓶（Kjeldahl-style recovery flask）：为这些器皿中名字最好听的一种，这种圆底烧瓶的长颈有利于防止沸腾液体飞溅。最初起源于啤酒酿造工业：19 世纪嘉士伯啤酒厂的化学家约翰·古斯塔夫·凯道尔发现了一种分析大麦蛋白质中氮的方法，这种方法比当时复杂的实验室方法要简单。他在蒸馏中用到的这种细颈容器，最终以他的名字命名。[7] 沃尔特对一款 800 毫升的凯氏烧瓶尤其兴奋，称之"非常罕见"。实际上这种烧杯非常常见，要不了200美元就能买6个。

其他设备

真空泵（Vacuum pump）：从密封容器中抽出气体以产生部分真空的装置。盖尔·博蒂彻复杂的咖啡机装置中就可以见到。

球形冷凝管（Allihn condenser）：也称回流冷凝器或亚氏冷凝管（以德国化学家菲利克斯·理查德·亚林的名字命名），用于回流，即将蒸汽冷凝物回收到生成系统，使反应更为彻底。这种设备包括一系列球形组成的长玻璃管，外面是外套管（水冷管），改进了当时已有冷凝器的性能。[8] 在盖尔精心制作的咖啡冲泡装置中也可以看到。

高压釜（Autoclave）：该设备利用高温高压对实验室设备进行灭菌，或在化学工业中用于固化涂料和硫化橡胶等。出于某种原因，盖尔的咖啡冲泡装置中也有一个高压釜。

第十八章　制毒实验室

唐纳·J.纳尔逊博士

文斯·吉利根想尽一切办法避免《绝命毒师》成为制作危险或非法化合物的指南。他多次向我强调这一点。他的办法是省略合成冰毒的步骤、呈现多种合成法，并寻求美国缉毒局的协助。

出于种种考量，文斯决定与缉毒局合作。首先，缉毒局有关于非法合成冰毒及制毒设备的一手信息，他们也是他想在节目中呈现的多种制毒方式的最佳信息来源。其次，采纳缉毒局的建议意味着剧情内容得到了官方认可。如果有人对节目内容提出质疑，剧组可以拿缉毒局当作权威。

缉毒局协助《绝命毒师》剧组搭建了各式各样的非法冰毒实验室——温尼巴格房车实验室、古斯的超级实验室、瓦姆诺斯杀虫公司实验室等。缉毒局探员对各种实验室了如指掌是合情合理的，毕竟在现实生活中，他们要对付的就是搭建并使用各色实验室进行非法合成的制毒者。

有人问我《绝命毒师》剧组是否真的在现场制毒。其实剧中的设备不过是些极轻的空壳。如果碰触或轻敲这些道具，会发出空洞的声音。在参观超级实验室时，我总会担心撞到什么东西，把它撞得东倒西歪。

我们这次不用伪麻黄素。我们要在管式炉里合成苯丙酮，再利用还原性胺化反应，生成四磅甲基苯丙胺。

——沃尔特·怀特，第一季第七集《非暴力交易》

如果你读到了这里，恭喜！你现在拥有的化学知识足以追随沃尔特和杰西的冰毒制造冒险之旅，但同时你也了解了，在现实世界中，一旦超出有正规管理且经过认证的实验室之外，这就是一项危险而致命的违法行为。由于前面的章节都属于“入门级知识”，接下来我将继续深入。总算要讨论剧中广泛涉及的冰毒制作了……但在此之前，还得重申免责声明，再简单聊聊冰毒生产的合法历史。

正如你所了解的，除非联邦政府明文规定，生产、分销、销售和持有冰毒在美国是非法的。但也正如沃尔特在第一季第七集《非暴力交易》中提到的，事情并非一直如此。苯丙胺和甲基苯丙胺在19世纪后期首次合成，因具有强烈的兴奋作用，第二次世界大战期间被用来让士兵保持警惕和活跃。二十世纪六七十年代，苯丙胺在运动员、大学生、卡车司机和机车帮中流行起来；在联邦政府将苯丙胺的制毒原材料麻黄素设为管制药品后，有人很快发现可以从感冒药中合成药效更强的“优质”药物甲基苯丙胺。

20 世纪 80 年代，墨西哥毒品走私贩向美国西海岸的机车帮派兜售毒品。1986 年，美国缉毒局推出法案，意在监管非法药物中用到的化学品的生产商。法案遭到了制药业说客的强烈抵制；1988 年，组织之间达成妥协，钻了一个空子，制造任何用于合法药物的化学物质（如麻黄碱和伪麻黄碱）都可免于登记备案。

20 世纪 90 年代，立法机构、执法机构和国际毒品交易集团三方之间的冷战爆发了，政府希望减少制毒原材料的流通同时又不损害制药业的利益。这种内斗为打击非法冰毒生产提供了更多突破口，而制毒组织也找到了更多可乘之机。作为《美国爱国者法案》的一部分，2005 年通过的“打击冰毒流行”法案最终对冰毒的原材料如当时常见的非处方减充血剂麻黄碱和伪麻黄碱进行了管制。冰毒混乱复杂的历史和反对冰毒的战争为《绝命毒师》的诞生奠定了基础，得以演绎出现实世界中持续至今的曲折冲突的浓缩版本。[1]

我将依次重温《绝命毒师》中各个实验室制造冰毒的场景，而不是用一连串越来越复杂的化学反应式来进行轰炸。从房车到超级实验室，从瓦姆诺斯杀虫公司实验室的帐篷到沙漠掩体，还有一个白人至上主义者大院，剧中每个实验室都各有千秋。多亏了高明的编剧和天才云集又全力以赴的制作团队，《绝命毒师》的冰毒实验室向观众展示了一些最令人难忘的视觉效果。不管实验室本身的装备如何，它们都提供了一些最佳场景，将现实世界中的科学带进了海森堡团队的虚构世界。所以我们待会儿就来看看这些实验室，但首先我们要谈谈冰毒本身，以及剧中用到的不具毒性的替代品。

《绝命毒师》内幕：正如你即将读到的，冰毒的制造方法多种多样。剧中的毒品替代品也五花八门。吉利根说据当时的道具师傅称，《试播集》中使用的冰毒为“一种日本包装材料”；在用透明橡胶材料代替碎玻璃的特技镜头中，他们也用到了这种材料。[2]

在那之后，剧中的毒品其实就是加了食用色素的糖——换句话说就是冰糖。（尽管如此，剧组仍然禁止演员们把糖吸进去……反正也没人喜欢这样做。[3]）供应商是阿尔伯克基的“糖果小姐”黛比·波尔，也被称为“坏糖果小姐”，《绝命毒师》道具部门最初联系她，是在第一季拍摄时。波尔提供了最初的白色水晶冰糖（棉花糖口味）和蓝天版，现在她仍在自己的网站上出售（当然是不含毒品的[4]）。

吉利根承认，在第一季快结束的时候，他有一个模糊的想法，就是把冰毒染成天空一样的浅蓝色，当地人会把它叫作“天空”（sky）；但沃尔特妻子的名字斯凯勒（Skyler）可能会跟这个主题联系在一起，这有点麻烦，不过最终也没人去想这些隐含意义。[5]

“库克船长”被抓

在《绝命毒师》五季中，杰西·平克曼成长了多少？在沃尔特·怀特萌生自己合成冰毒的想法之前（也是在他的另一个人格海森堡打算建立一个毒品帝国之前），他曾经的学生杰西·平克曼偶尔吸食冰毒，也是冰毒制造商和经销商，绰号“库克船长”。（不要激动，本章并非《绝命毒师》杰西前传。）“库克船长”在制毒过程中加了一点辣椒粉，让他的“粉红牌辣椒冰毒”产品脱颖而出，在圈内小有名气。虽然杰西可能更愿意以“库克船长”之名行走江湖，但他的客户更青睐神秘天才海森堡推出的新产品。

沃尔特和杰西的房车实验室是剧中第一个亮相的实验室。然而，按照时间顺序，我们必须再往前追溯一点。如命运（编剧们）所安排的那样，沃尔特和他的缉毒局探员妹夫汉克一起破获“库克船长”的冰毒实验室，这一契机使沃尔特开始和杰西·平克曼合作，走上了成为海森堡之路。（沃尔特纠正汉克，合成甲基苯丙胺时可能产生的是磷化氢而不是芥子气。这段台词看起来只是一带而过，但这段简短的对话有助于让人一开始就看到他对化学的了解，并为接下来的可怕行为埋下伏笔。第四章中也谈到了这一点。）

这个隐藏在居民区的冰毒实验室简直一团糟。脏瓶子和设备摆在工作台上，各种化学药品和溶剂——包括甲苯、碘和洗甲水——露天摆放，随处可见用过的感冒药包。散落一地的还有道路照明弹、漏斗和咖啡过滤器、火柴盒和装满透明的黄色和红色液体的罐子。这一切看起来相当随意，就好像制作团队只是从厨房和车库中搜罗任何能找到的东西用来布景。其实不然。制作团队当然做足了功课。事实上，非法合成甲基苯丙胺所用到的都是普通日常物品，正是这一点让这种非法活动相对容易进行，又难以打击。

在制毒犯（杰西最初的制毒伙伴）埃米利奥·小山被缉毒局拘留后，沃尔特可能在镜头外更清楚地看到了制毒现场，但观众们只看到了缉毒局突袭时制毒实验室混乱的几幕场景。这短暂的一瞥，足以拼凑出一个事实：埃米利奥合成甲基苯丙胺的粗糙方法是基于 19 世纪日本化学家永井永吉和 20 世纪日本化学家和药理学家阿雄贺多的方法。2013 年，化学家杰森·瓦拉赫在 *Vice* 杂志上的一篇文章中列出了剧中制毒的化学过程，本章中将引用这篇文章的一些内容。[6]

在 1887 年罗马尼亚化学家发现并合成苯丙胺之后，1893 年，永井永吉用麻黄碱制成脱氧麻黄碱。此前东京帝国大学的永井永吉基于对传统草药的化学分析和研究，已经从麻黄属植物中分离出麻黄碱。[7] 麻黄碱是一种兴奋剂，被用来控制哮喘、血压和体重。正如前面章节提到的，它是甲基苯丙胺的制毒原材料。1919 年，阿雄贺多首次用红磷和碘来还原麻黄碱，合成了甲基苯丙胺盐酸盐，俗称“冰毒”，这种方法今天仍被用于非法制造毒品。

还记得左旋甲基苯丙胺和右旋甲基苯丙胺是如何互为对映体的吗？麻黄碱和伪麻黄碱（$C_{10}H_{15}NO$）也是如此；从技术上讲，这两种物质每种本身实际上就是一对对映体，因为其分子有两个手性碳原子，而甲基苯丙胺只有一个手性碳原子。这些化学物质与甲基苯丙胺唯一的区别在于其中有一个羟基（-OH），冰毒炮制者和化学家都想方设法去除它。

正好来区分一下“炮制”和“合成”这两个概念，以及将制毒视为化学和“艺术”的差别——平克曼在《试播集》里宣称两者截然不同。“炮制”就像用微波炉做玉米卷饼：无须正规教育或经验，你可以按照说明书操作，只要有正确的厨具，并祈祷它不会在你面前爆炸。“合成”则像世界级厨师努力制作完美大餐：靠着多年训练和丰富的经验，厨师每次都能把必要事项做得恰到好处，还有信心加入个人标志性风格并自如应对食材、设备和过程本身的任何变化。两种方法做出的东西都能吃，但品质大相径庭。（不过，我将继续交替使用这两个说法，因为说“炮制”也很有趣。）

至于制造冰毒的“艺术”，就像食物烹饪艺术一样，那是从旁观者或终端使用者的视角来说的。一些人偏爱快餐食物而另一些人只肯吃 100 美元一份的“解构汉堡”，上面要有胡桃木熏烤出泡沫的无麸质小面包，所以无论是“粉红牌辣椒冰毒”还是“蓝天”，如果你的化学技术够扎实，艺术实验就能达到更高的高度。

回到“合成”的话题。20 世纪早期的方法可能是用麻黄碱作为前体，将其还原成甲基苯丙胺，而剧中选择使用伪麻黄碱；采用氢碘酸（HI）和红磷来还原的过程是一样的。这些成分可能听起来有些古怪，但还记得实验室里那些常见的东西吗？那些都是极易获得的必要化学物质的来源：

· 伪麻黄碱可以从非处方感冒药中提取（咖啡过滤器和罐子中的提取液就是用来干这个的；红色液体是过滤药物的红色蜡涂层产生的）。

· 红磷用于将碘还原为氢碘酸（I_2 -> HI），可以从火柴盒和道路照明弹中获得。在第二季第十集《收手》中，海森堡亲自告诉一个想“炮制”冰毒的人：“红磷在擦火条上，不是在火柴头上。”

· 碘晶体本身是完全合法的，但因为可能用于生产非法的甲基苯丙胺，也受联邦政府管制，但也能从碘酊消毒剂或防腐剂中提取。[8]

这些成分经过混合，加热，过滤，调整到特定的 pH 值，提取，结晶等一系列漫长过程，最终产生甲基苯丙胺。简单地说，去掉麻烦的 -OH 基团，代之以氢，就能把感冒药变成一种非常容易上瘾的毒品。（化学上一个小小的改变能产生如此显著的效果，真是令人惊讶。）但更准确地说，碘化氢（HI）被引入后产生了一种“亲核取代”反应。在这种类型的原子交换中，被引入的化学物质电子对“攻击”或选择性地与一个带有正电或部分正电荷的原子成键，取代“离去基团”（也叫“离去基”）的位置。就这种情况而言，碘化氢中的碘负离子是亲核试剂或“攻击者”；它与附着在羟基上的碳键结合，导致氢氧根（OH^-）离开，很快与溶液中可用的氢离子或水合氢离子（H_3O^+）形成水分子（H_2O）。

要挤出新成键的碘原子，用所需的氢来取代，还需要第二步。C–I 键是碳卤键中最弱的，部分原因在于碘原子的半径相对较大，吸引电子的能力弱，键的解离能较低。它是卤化物中最好的离去基，尽管在上述反应中它也是“攻击者”。由于 C–I 键非常弱，溶液中存在碘原子形成的碘单质（I_2），导致有机碘化合物通常因含杂质而呈黄色。

然而，碘单质的形成有利于合成冰毒。碘更倾向于以单质（I_2）的形式存在，即两个碘原子在强共价键中共享一对电子，而不是形成相对较弱的 C–I 或 HI 电子对。这一特点不仅有助于从中间分子中消除碘以形成甲基苯丙胺，还能由新形成的碘单质再生出更多的碘化氢，用于加速在其他伪麻黄碱分子中进行的第一部分反应。这时候红磷的作用就出来了。

磷（P_4）与碘（I_2）在水中（其中一些水是在最初去除羟基

的反应中产生的）反应生成三碘化磷（PI_3）。这种化学物质在水中反应剧烈，产生磷酸（H_3PO_3）和所需要的碘化氢（HI）。然后，这个过程可以在反应容器中重新开始。在这一反应（以及一切反应）中，原子层面会发生大量的变化；是否理解这一复杂的过程，便可区分普通炮制者和化学家。

就理论产量而言，这种方法生产的最终产品重量可达“前体”重量的92%。但由于缺乏必要的技术和设备，非法实验室的产量往往在50%至75%之间。沃尔特·怀特两者都不缺，让我们回顾一下他在粉丝最喜欢的房车“水晶船”里首次尝试制造冰毒的情况。

房车实验室

我们先花点时间聊聊房车吧？房车做移动冰毒实验室绝对是创意之举。而作为循环使用的功能性布景，这也是一项精巧的制作。这辆房车在现实中的原型是一款1986年的Fleetwood Bounder，它的内部太小，无法容纳演员和工作人员，所以制作团队做了一个布景来代替它。[9]房车是一系列戏剧性事件的背景，在全剧中也是沃尔特和杰西蓬勃发展的冰毒帝国背后的直接驱动力。房车一直是二人组的行动基地，直到第三季中段，为了销毁证据，“水晶船”被摧毁了。（安息吧，水晶船，我们会想念你的。）为了表示纪念，让我们重温房车内制造冰毒的一些“美好”时刻。

在《试播集》中，埃米利奥·小山并不是唯一使用之前叙述的永井制毒法的人。沃尔特·怀特和杰西在他们的移动冰毒实验室首次制毒时就用了这个方法。观众们可以在这一集观赏到精心剪辑过的冰毒制作场景，这要感谢编剧林恩·威林厄姆和助理编剧凯利·迪克森的贡献。（迪克森还主持了 AMC 的《〈绝命毒师〉内幕》播客，这是一部精彩的幕后节目，本书中也分享了许多制作心得。）在这组蒙太奇中，实验室本身显然比埃米利奥的工作台面更有条理、更干净，尽管房车仅仅配备了偷来的高中化学实验室设备，而且没有一流的安全措施。虽然称不上超级实验室，但起码是个不错的开端。

在这段镜头中，沃尔特和杰西用研钵和杵磨碎药丸（典型的实验室操作），将研磨粉末溶解在酒精中，通过过滤提取伪麻黄碱，然后加入红磷和碘晶体。在混合物被加热到沸腾之后（多亏杰西，还煮过了头），沃尔特将产生的混合物过滤到烧杯中。观众可以清楚地看到，他测试了溶液的 pH 值，相应进行调整，然后用有机溶剂萃取，再用注射器抽走有机溶剂；这一步也可以通过蒸发来实现。（*Vice* 杂志的文章提到化学家们青睐的一种更简单的方法，即使用分离漏斗，这种设备专用于在提取过程中分离不同密度的液体。）然后氯化氢气体被输入含有甲基苯丙胺和溶剂的剩余液体中，这个过程将所需的右旋甲基苯丙胺沉淀成盐酸盐，呈白色糊状。这组镜头并没有显示过滤和干燥晶体的过程，最终镜头聚焦在水晶般清澈的“玻璃级”成品上。

如何获得制毒原材料是这种方法的问题之一。第一季第七集《非暴力交易》中，二人组采用“蚂蚁搬家式”的方法获得伪麻黄碱——雇人从不同的商店大范围购买少量的非处方感冒药——困难重重又低效，显然不可行。毕竟，沃尔特目标是建立一个帝国。为了解决这个问题，沃尔特选择了另一种制毒方法：用苯丙酮和甲胺进行还原胺化，也被称为 P2P 法。引用杰西·平克曼的话：“太棒了，科学！”

P2P 法得名于苯丙酮（$C_9H_{10}O$，又名苯基 -2- 丙酮，或取英文首字母，称 P2P），过程更复杂，但出错的可能性更小，总收率比伪麻黄碱法低，但制毒原材料更易获得。超级粉丝们应该知道，获取甲胺成为整季的重要情节点，也是这一集引入的一个困境。（如果你需要回顾的话，可以回到第九章重温铝热剂开锁。）但沃尔特不仅仅需要在制毒原材料上做出改变。他给杰西的购物清单如下：

自耦变压器：用于调节电源的电压，将其升高或降低到设备（如管式炉）所需的功率水平。

35 毫米管炉（两个）或 70 毫米管炉（一个）：一种电加热器，通常是绝缘体内部由加热线圈环绕的圆柱形腔体，用于合成和纯化化合物。

无水甲胺（6 升）：前体化学品（CH_3NH_2）。

硝酸钍（40 克）：一种放射性化学物质，化学式为 $Th(NO_3)_4$，用于生产催化剂二氧化钍（ThO_2）。

氢（电解生产）：电解是指电流通过水中，将其分裂成氧气和氢气的过程。（这是第五章中谈到的沃尔特 DIY 电池的工作原理，就是电解水的逆过程。）这样可以消除或至少减少污染的可能性。

我知道房车绝不是第一个使用 P2P 方法的实验室——第一季大结局时，房车再次出现故障，沃特和杰西不得不暂时转战杰西的地下室——但房车实验室在接下来的几季又成为制造“蓝天”的主要场所。

在获得一整桶甲胺，足够沃尔特和杰西“在可预见的未来”继续制毒之后，制毒二人组开始研究新方法。相比之前用伪麻黄碱制毒的场景中一扫而过的镜头，这一季大结局中的布景要简单得多，设备和玻璃器皿只是放在一对折叠桌子上。这距离超级实验室还差十万八千里。

不过，化学反应仍然是合理的。还原性胺化反应包括以下步骤：

· 含有一个羰基，即由碳和氧两种原子通过双键连接而成的有机官能团的简单化合物，酮或醛与含有碱性氮原子的化合物胺反应。

· 这两种分子结合成一个大分子，同时失去一个小分子。这被称为缩合反应。

· 新形成的分子被称为亚胺——一种包含碳氮双键（C＝N）的化合物——或希夫碱（如果氮原子没有与氢原子结合的话）。

· 这种分子随后被还原（获得氢），生成所需的胺。

还原胺化是一种令人印象深刻的说法，简单来说，就是“将两种分子结合生成亚胺，再把它变成胺”。这是化学家的工具包里一个功能强大且用途广泛的过程，它比烷基化更容易控制——$-CH_3$或$-CH_2CH_3$等烷基基的转移会导致成品中混杂其他物质——而且两个步骤可以在同一个反应瓶中完成。

剧中海森堡标志性的冰毒产品“蓝天”就是采用还原胺化合成。它在第一季大结局中有着令人难忘的首次亮相。按照上面列出的基本步骤，苯丙酮（P2P）是酮，它与胺前体甲胺结合，所得到的亚胺通过加氢还原，产生一种外消旋体，即左旋和右旋甲基苯丙胺数量相等的混合物。听上去很简单，是吧？

然而，也不完全如此。首先，有很多方法可以用来减少亚胺。备选项包括氰基硼氢化钠（$NaBH_3CN$）；使用氢气和一种贵金属催化剂，如二氧化铂（PtO_2，或称亚当斯催化剂）；雷尼镍，一种镍铝合金的衍生物；或者是铝和汞的混合物。海森堡最终选择了后者，在全剧中始终情有独钟。

在第三季第四集《绿灯》中，杰西展示了一个令人惊讶的事实：他的确从沃尔特的制毒课程中学到了一些东西。当自命不凡的海森堡问杰西在制造他的杂牌冰毒时使用了什么还原剂，并批评杰西不该使用二氧化铂时，杰西回复说他实际上使用了铝汞合金，因为“二氧化铂太难保持潮湿了”。这句话可能是在说二氧化铂在水中难以溶解，但更有可能是指要使铂催化剂（称为铂黑）本身隔绝空气或其他氧化剂，因为它会与水反应且自燃，这意味着它会在低于55℃/131℉的空气中自燃。如果需要经常使用的话，这并不是一种友好的原材料。甚至有证据表明，在沃尔特的第一次P2P制毒实验中，他曾试图使用这种催化剂作为还原剂，因为与这种催化剂一同使用的氢气出现在他的购物清单上。但铝汞合金的方法最终胜出了。

当然，还有其他因素使P2P制毒过程异常复杂。苯丙酮（P2P法名称的来历）这种化学物质，早在1980年就被美国缉毒局指定为二类管制药品。这并没有难倒海森堡，合成P2P的方法很多。多亏了沃尔特的购物清单和全剧中的一些台词，我们知道他是用苯乙酸（$C_8H_8O_2$）或聚丙烯酸（简称PAA，也在美国缉毒局和司法部的管制化学品名单上）合成的。

在用PAA合成P2P的需求清单上，最关键的是硝酸钍和管式炉。正如我之前提到的，硝酸钍被用来产生一种放射性金属氧化物催化剂，称为二氧化钍。该催化剂床经管式炉加热，通上汽化形式的PAA和普通老醋酸（醋中除水外的主要成分）。这种酸被称为羧酸（因为其中包含羧基-COOH），经过相当复杂的化学反应，最终形成所需的酮，即 P2P。(在这个反应中也有多余的杂质，包括对称的酮，如丙酮和二苄基酮等，以及副产物二氧化碳和水。) 最终得到一种褐色的油，将其从水层中分离出来，然后通过真空蒸馏收集和净化 P2P 本身。

沃尔特和杰西可能已经锁定了 P2P 合成和还原方法，但甲胺的供应仍然是整个计划中一个棘手的问题。编剧们完全可以让海森堡自己制作甲胺，但那样的话，我们就不会看到沃尔特和杰西熔断仓库锁抢劫的名场面，还有与墨西哥毒枭、古斯·福林、莉迪娅·罗达特－奎尔等供应商气氛紧张的商业交易和谈判，不用说，还有令人难以置信又扣人心弦的火车劫案。

在工业上，可以用非晶型硅铝作为催化剂，通过氨与甲醇的反应来制造甲胺，[10] 也可以在实验室中通过水解剧毒的危险化学物质甲基异氰酸盐得到甲胺。(19 世纪的法国化学家查尔斯·阿道夫·维尔茨发现异氰酸盐与氨基甲酸乙酯相关的化学反应，在 1849 年用这种方法制备甲胺。) [11] 另一种方法被称为“霍夫曼重排法”，以 19 世纪德国化学家奥古斯特·威廉·冯·霍夫曼的名字命名。在这一过程中，乙酰胺在碱性溶液中与溴反应，经过一系列中间化学物质之后，合成甲胺。所以，虽然沃尔特的确有可能制造出所需的所有制毒前体，但可能很低效。当然，也不会像我们喜爱的《绝命毒师》那样戏剧化。

虽然已经被这些高级化学词弄得晕头转向，但你现在很可能对剧中制毒的镜头有了更深的理解。在第一季结局中，制毒二人组的工作不幸被杰西的房地产经纪人组织的临时房屋开放活动打断了，不过剧中仍然呈现了大量的地下室制毒镜头。管式炉十分显眼，就放在折叠桌上——应该是用于合成 P2P 的；请记住，这不是最终的产品——以及一个冷凝器设置，可能有助于控制过于强烈的反应和 / 或回收蒸汽，按沃尔特的说法，这些混合物的炮制要“在 425 度的温度下至少运行两个小时，才足以生成 4.5 磅”。实验室里最引人注目的是什么呢？当然是天蓝色的冰毒。

毒贩屠库·萨拉曼卡首先试用“蓝天”，随即自然产生了浓厚的兴趣。在冰毒爱好者眼里，海森堡的冰毒很快就登上了排行榜之首。但蓝色可能只是为了增添戏剧性，并不是基于真实的化学。以盐酸形式存在的 100% 纯甲基苯丙胺是一种无色至白色的结晶固体，街头生产的甲基苯丙胺有多种颜色：无色、白色和黄色。冰毒中存在的任何颜色，无论是水晶般透明的蓝色还是不透明且看起来易碎的棕色，都是反应过程中积累的杂质造成的。

尽管如此，在《绝命毒师》的叙事中，无论冰毒色彩如何，沃尔特的作品依然是上乘货品。颜色或许不仅仅是海森堡改变合成方法的结果，也是化学上的额外调整，使本应是外消旋混合物的对映异构体变得纯净。毕竟沃尔特运气总是莫名其妙的好。但运气只能帮他这么多。为了建立一个帝国，他还需要一个超级实验室……

超级实验室

如果你顺利读完了前面一章，那么好消息是接下来程序大体都一样；给制毒环节增添色彩的是，沃尔特和杰西这一次在装备更先进的实验室里工作。坏消息是，是时候和“水晶船”道别了。按照时间顺序，房车最后一次出现是在第三季第六集《日落》，为了避免汉克和缉毒局发现任何确凿证据，房车被摧毁得面目全非。在沃尔特和杰西二人的怀旧时刻中，房车重复出现过几次，并在第五季第十四集《万王之王》的闪回中最后一次出现。在这一时刻，观众们重温了沃尔特和杰西首次制毒的场面，这位老师试图教育曾经的学生，他说：“反应已经开始了。如果我们有一个冰箱，浓缩液体会冷却得更快，因为这是一个放热反应，就是说会‘放出热量’，而我们想要的产品是晶体……”杰西可能并不喜欢这一刻，但粉丝们肯定爱看。

当然，粉丝们也很喜欢沃尔特和杰西（最终）进驻古斯·福林的秘密超级实验室，在冰毒制造领域上升一级。尽管所有不见天日的非法行为都在那里发生，古斯的超级实验室仍不失为一个绝美的设计。关于超级实验室，文斯·吉利根最初的设想是一个类似地堡的地方。最终，设计任务交给了设计师马克·弗里伯恩，实际施工则由建筑协调员威廉·W. 吉尔彭团队完成。[12]

超级实验室看似是用板状混凝土建造的，实际上，这套房子使用了一层薄薄的石膏板来模拟地堡设计。部分墙是可拆除的，便于安置摄像机和起重机。根据吉利根的说法，钢制楼梯和走道都依照建筑法规，[13] 实验室本身装备齐全，所以在片场制毒是可以实现的[14]。当然，他们从来没有这样做过。

从编剧的角度来看，超级实验室是剧中制毒设备进化的结果，它能满足沃尔特和杰西进行“炮制”的一切需求，同时还能足够隐蔽，不被发现。这里表面上看是一个工业洗衣房，洗衣房定期接收化学物质，并通过精心设计的过滤系统排出“干净、无味的蒸汽”。巧妙之极。虽然这个神奇的布景最终被拆除，但制作团队不得不又建造一个复制品，展示第五季首播集《不自由毋宁死》中超级实验室被缉毒局彻底搜查时的毁灭状态。[15]

在全盛时期，超级实验室堪称科学狂热者的艺术品。按时间顺序来说，超级实验室是在第三季第五集《重操旧业》首次与观众见面，在第四季第一集《美工刀》中，我们可以看到盖尔打开新送来的实验室设备，向古斯滔滔不绝地谈论实验室的高水准。这里展示的昂贵实验室设备是世界顶级制药公司的日常配置，但如果没有最好的冰毒化学家，世界上一切设备也无济于事。（毕竟，盖尔 96% 的纯度和海森堡 99.1% 的纯度相去天壤。）

高效是海森堡的代名词，这就是为什么剧中他对细节的关注和丰富的化学知识对富有商业头脑的毒枭特别有吸引力。普通的冰毒使用者可能不会注意96%和99.1%之间的差别，而终端用户很可能也无法从街头购买到这两种高纯度的冰毒。沃尔特近乎完美的冰毒深受欢迎的一个原因在于它的对映异构体纯度极高，提供右旋甲基苯丙胺，没有不受欢迎的对映体。

海森堡合成法之所以高效，还有另一个原因。一旦开始考虑规模经济，在供应端，由于制毒原材料利用率高，沃尔特的细节控制可能替古斯节约数百万美元；而在需求端，销售“蓝天”可以收取溢价。古斯庞大的分销网络也从99.1%的冰毒销售中获益，因为该产品有更多的机会被稀释——“分装”或“加工”——以更低的价格出售更多纯度较低的冰毒。就像汽油有普通的、中等的和高级的，更高端的选择更酷炫，但价格也会更高。

经济学就讲到这里，回到科学上来吧！在超级实验室出现的这一集中，沃尔特证实他使用了我们前面提到的化学物质。当古斯让沃尔特在超级实验室里自由发挥时，沃尔特就像孩子打开生日礼物一样，处于一种纯粹的幸福状态。他打开的第一个包裹是“用作催化剂床的氧化钍”，正如前文所说，这种物质用于合成苯丙酮（P2P）。1200升的巨大反应容器将使海森堡的产量大幅增加，这深得古斯欢心，因为他需要每周200磅的订单来保证超级实验室的运转。不过，沃尔特仍然需要一个助手来完成复杂的大规模冰毒生产过程。

这就需要聊聊盖尔·博蒂彻。在第三季第六集《日落》中，这位得力助手的化学知识让沃尔特印象深刻——他还精通咖啡制作。（见第七章。说句题外话，盖尔的实验室礼仪和细节控制可以说是超乎寻常的，但把饮料和有毒化学物质放在一起绝不是个好主意。在实验室里穿露趾的鞋也不是明智之举……）这位在实验室穿拖鞋的助理拥有新墨西哥大学的学士学位和科罗拉多大学的有机化学硕士学位，当然，专业方向是X射线结晶学。与杰西相比，至少在知识水平层面，无疑前进了一大步。你知道这意味着什么：是时候制造冰毒了！

沃尔特和盖尔第一次在超级实验室一起制毒时，先喝了一杯咖啡，然后穿上亮黄色的防护服，戴好呼吸器，开始工作。他们首先在研钵和研杵中碾磨一种暗红色的粉末（考虑到他们要生产的产量太大，手工碾磨更像是个笑话，但至少他们动作协调一致，就像花样游泳运动员一样），随后将铝箔倾倒入可能含有氯化汞溶液的反应容器中，形成还原剂铝汞齐。沃尔特向各种试管添加滴红色液体（可能用于追踪记录pH值，因为白板上写着数值，就挂在下到一半的国际象棋后面的墙上），盖尔用一层薄薄的毛细管捕获样本，可能为薄层色谱（见第十七章）。这些场景为这段剪辑增添了许多趣味，从中可以见到二人组在整个过程中对品质的把控。显然，这是一个严格的合成过程，再也不是什么地下室小作坊制作。

还有一个线索能看出沃尔特此时仍然在使用P2P制毒法：当二人把装有“蓝天”的托盘放在干燥架上后，盖尔和沃尔特把酒庆祝，其间盖尔问了一个关于苯乙酸溶液的问题。他想搞清楚为什么要循序渐进，“前 10 分钟每分钟 150 滴，之后每分钟 90 滴”，沃尔特的回答是“通过逐渐减少苯基，会得到更油腻的水层”，正如盖尔所理解的，这能保证“更好的苯萃取”。（不过，沃尔特更喜欢使用乙醚。）

他们说的应该是由水溶性较高的苯乙酸（PAA）和乙酸（AA）合成的水不溶 / 稀溶苯丙酮（P2P）。反应容器中同时含有这两种化合物，就会分离成水层和有机层，PAA/AA 在水层中，P2P 在有机层中形成并转移，相对容易分离和收集。问题是，有机层还包含一些未反应的可溶性 PAA，这是最终产品中需要去除的。通过在反应后期减慢加入 PAA 的速度，沃尔特试图控制反应物转化为产物的速度，避免副反应，最大限度地增加 PAA 转化为 P2P 的量。如果混合物的水层“更油腻”的状态保持更久，剩余未参与反应的带有非极性苯环的 PAA 就更有可能停留在这一层，而不是进入包含所需产品的有机层。使 PAA 被醋酸包围，确保只有这两种分子相互反应，才是理想的结果。

有评论说，这种变化会“更便于苯萃取”，他们说的是在分离水层后的后续步骤。苯可以作为非极性溶剂用于许多替代的合成方法——这也解释了为什么沃尔特提到自己更偏爱醚，一种非常常见的非极性溶剂——不过甲苯更受青睐，因为其溶剂性质相似，但毒性较小，更易操作。很可能沃尔特想要通过苯提取增加产量，也有可能他实际上采用的是一种全新的合成方法，或者《绝命毒师》编剧团队从众多方法中进行了精心挑选，以此打消那些潜在的制毒者的念头。不管怎样，听到这些才华横溢的演员轻松地讲述科学术语，总是一件令人愉快的事情。

沃尔特和盖尔的化学水平在剧中是顶级的，但他们之间的“化学反应”还有待改进。二者关系就像古典音乐碰上爵士乐，或者用油碰上水来形容更合适。没过多久——实际上就是下一集，盖尔就开始让海森堡感到不安。这是一种非常危险的处境。在第三季第七集《一分钟》中，尽管盖尔准备竭尽全力提供沃尔特需要的一切（托盘洗干净、晾干了，溶剂过滤好了）并纠正自己的缺点（他换上了包脚的鞋子，因为那样“更专业”——盖尔同志，这样也更安全），海森堡还是因为一次温度误差而大发雷霆。

沃尔特说的没错，涉及合成程序和质量控制时，75℃和85℃的差异是一个巨大的鸿沟，尤其是，50加仑的产品会因为这个偏差而浪费，但在这里沃尔特显然别有用心。海森堡不想让盖尔挡他的道，需要他离开实验室。第一，因为盖尔有足够的能力掌握制毒技术，这将使沃尔特变得无关紧要，成为可有可无的存在；第二，海森堡喜欢一切都在控制之中；第三，杰西·平克曼是个悬而未决的问题，需要重新纳入沃尔特的麾下。在下一集《终见仇敌》中，盖尔被驱逐，杰西取而代之。这是一个非常尴尬而为难的分手场景，但对盖尔来说还有更糟糕的……

杰西和沃尔特在超级实验室工作了一段时间——顺便说一下，杰西经常轻松地举起200磅重的冰毒容器——此处还有更多关于制毒的片段和剪辑。但不久之后，情况迫使杰西躲了起来，这意味着沃尔特要和盖尔再次组队。这一次，古斯的助手维克多监督他们的每一个步骤，盖尔似乎比以往任何时候都更紧张和好奇，问了一些他本应知道答案的问题，比如净化催化剂床的诀窍。不幸的是，盖尔发现自己夹在海森堡和古斯之间，在第三季大结局《二不休》中，这种两边不讨好的处境以他的死亡告终。

超级实验室里还发生了更可怕的一幕。盖尔是走了，但沃尔特和杰西跟他的死脱不开关系，在古斯这边，还得保证毒品照常生产。老谋深算的沃尔特认为杀死盖尔已经打出了一张王牌，但其实维克多一直在密切关注整个制毒过程，足以一步一步地复制沃尔特的技术。沃尔特只剩最后一招了，他抛出一连串化学难题，让想要接替他的人迷惑不解，让古斯及早看到其做法的错误之处。

以下是沃尔特气势不凡地怒斥对方的一整段台词（第三季第十三集《二不休》）：

请告诉我，催化加氢反应是用质子溶剂还是非质子溶剂？因为我忘记了。如果你的还原不是立体专一性的，怎么能保证成品的对映异构体纯度？1-苯基-1-羟基-2-甲氨基丙烷，包括丙烷链中的一号和二号碳原子这两个手性中心，如果还原成甲基苯丙胺……该减去哪个手性中心呢？因为我都忘记了。教授，说啊，帮帮我啊！……如果你的原材料有问题怎么办？你甚至都不会鉴别？到了夏季，湿度升高，你的货受潮了怎么办？

设想你是维克多，要和沃尔特玩问答游戏，依次回答以上问题。首先，"催化加氢"其实是在催化剂作用下向某物添加氢的夸张说法，催化剂是一种加速反应的试剂。沃尔特提到了还原胺化反应，特别是最后一步将氢引入亚胺中使其还原为最终的左旋和右旋甲基苯丙胺产品。由于"质子"溶剂是"提供质子"的，并且有一个氢原子与氧或氮结合（"非质子"不提供质子，非质子溶剂中也不存在这样的键），而反应增加了一个以氢形式存在的质子，所以答案是：质子溶剂。

下一个问题是关于立体专一性和产品的对映异构体纯度。听起来很神奇，但这还是在说整个过程需要确保反应结束时生成正确的产物。（立体异构体是指具有相同的原子组成和排列，但在三维结构上不同的分子。而对映异构体是整体上互为镜像、不能重叠的立体异构体。）立体专一性反应指定特定反应物生成的特定产物形式；如果反应物是纯立体异构体，立体专一性反应将产生100%的特定立体异构体。另一方面，立体选择性反应允许形成多种产物，但倾向于形成一种特定的立体异构体，具体取决于多种因素。理想情况下，沃尔特的反应将从P2P的纯立体异构体开始，进行立体专一性反应，确保生成合适的产品。

问题在于P2P不是手性分子（化学上称之为前手性分子，这意味着它可以在某个步骤中从非手性的变成手性的），而与甲胺反应产生的亚胺也不是手性分子。因此，这种生成反应和随后的还原反应不是立体专一性反应。然而，这种机制确实存在。1985年之后，一种高度受控的合成甲基苯丙胺的化学反应开始流行起来，但尚不清楚这与《绝命毒师》展示的制毒场景背后的科学原理是否相同。其方法包括使用一些名字听起来很古怪的化学物质，如过渡金属形成手性有机金属配体、1-苯丙醇与硝基苯进行手性烷氧基化反应，以及在酯生产中使用乙酸酐，然后还有催化还原。[16]这远远超过了本书或作者本人的知识范围，但背后的科学是真正存在的。

沃尔特整段话中最重要的词其实是“对映异构体纯度”。请记住，左旋甲基苯丙胺对映体作为一种减充血剂，在冰毒产业中一无是处。海森堡追求的是右旋甲基苯丙胺形式。奇怪的是，他早期的伪麻黄碱还原方法实际上会产生更多这种立体异构体，因为前体的手性将在所谓的不对称或对映选择性合成中得以保留。相反，后来的还原胺化反应则产生两种立体异构体的外消旋混合物。有可能沃尔特在反应中找到了一种方法来解决多余的对映体，或者他只是丢弃了最终混合物中多余的50%；不管怎样，这都会影响产量。不过，对映体纯度仍然可以达到99.1%。

接下来是大家最喜欢的化学主题：命名法！沃尔特口中的“1-苯基-1-羟基-2-甲氨基丙烷”是伪麻黄碱的一种命名方式，尽管 IUPAC（国际纯化学与应用化学联合会）通用的命名是（1S，2S）-2-甲氨基-1-苯基丙-1-醇。（我还是称之为“伪麻黄碱”吧，谢谢。）

记住：为了得到苯丙胺，我们必须还原伪麻黄碱，去除讨厌的羟基。它位于 1 号碳上，当羟基被一个氢原子取代，碳原子就失去了手性。（我不明白为什么当维克多在进行还原胺化时，沃尔特要谈论之前的伪麻黄碱制毒法，我猜是为了让蠢蠢欲动的替代者感到不安。）

即使这样，维克多仍然没有错过任何一个制毒步骤，尽管事实上除了程序中列出的步骤之外，他对化学知之甚少。沃尔特抓住了这一软肋，在工作中大谈理论。他问维克多，如果配料出了问题，或者操作指南不能解决问题，他会怎么处理？就原材料而言——这是个质量把控问题，化学家正是因此要从信誉良好和可靠的经销商那里购买产品，并进行质量检查——维克多总可以通过气相色谱仪或其他分析设备对样品与标准数据和以前的内部测量记录进行比较。至于湿度，在像超级实验室这样的设施中，适当的气候控制应该可以消除任何环境因素。但是湿度过大会导致反应中用到的无水化学品和干燥剂更多地从空气中吸收水分（而不是从反应中吸收水分），同时延长干燥过程。

如果你能成功通过沃尔特的化学挑战，应该给自己点个赞。这是沃尔特最接近海森堡的时刻。不幸的是，维克多再也没有机会一一回答这些问题了，古斯杀死了他。沃尔特和杰西可以活着见证另一轮制毒过程，但在第四季第二集《点38左轮手枪》中，古斯的手下泰瑞斯和麦克开始监视这对搭档。一窥盖尔完美无瑕的实验室笔记是这里的亮点之一，因为它揭示了超级实验室最早的规划图和盖尔自己的冰毒合成方法；另一个亮点当然是沃尔特招募了洗衣工人来帮助打扫实验室。

很不幸，这一季也见证了超级实验室的终结。在古斯·福林遭遇爆炸身亡后（见第八章），沃尔特和杰西在实验室里注入了甲胺和易燃溶剂，并在计时器上设置了电弧。这让制造冰毒的“百战天龙”们有足够的时间逃离洗衣房并拉响火警，随后，一场猛烈的化学火灾彻底摧毁了超级实验室。这是一个美丽的布景，在这里上演了大量有真实科学依据的虚构场景。观众会怀念它的。

贩毒集团实验室

严格来说，这个墨西哥贩毒集团的实验室在“超级实验室”仍在运作的时候就出现了，但它值得单独作为一个小节，因为它在杰西·平克曼成长为制毒化学家的历程中起到了关键的作用。在第四季第十集《敬酒》中，杰西打着向贩毒集团提供“蓝天”冰毒制造者线索的旗号，在古斯和麦克的陪同下来到了贩毒集团的化学实验室。(这实际上是古斯精心策划的复仇计划的一部分。)没有了导师海森堡，加上语言不通，杰西有点不适应新环境。但杰西在沃尔特指导下度过的所有时光，无论是在房车里，还是在超级实验室里，显然都得到了回报，现在他已有足够的信心胜任贩毒集团的首席化学家。

为了证明自己的价值，杰西必须为贩毒集团展示炮制技艺，由于“蓝天”的制作方法仍然基于还原胺化过程，他需要苯乙酸作为前体来制造自己的 P2P。问题是贩毒集团手里并没有 PAA——之前他们都是自己合成。这说得通，因为这种化学物质也在政府的管控之下，而且合成起来相对容易，尤其是对于一个制造冰毒的实验室来说。苯乙酸可以通过水解苄基氰来合成，在此过程中，需要加入水和盐酸，挤出一个氯化铵离去基。我不知道有多少化学系大二学生经常做这种实验，但按贩毒集团化学家的说法，他们可能会做。

苄基氰被用作溶剂和制毒前体，因此被缉毒局列入了监察名单，但苄基氰也可通过其他原材料合成。虽然冰毒制造过程中所需的大多数化学品都可以“从零开始”，但从时间、成本和难度考虑，还要与直接购买必要原材料的相关风险进行权衡。

很遗憾，杰西不是自己合成的；他用偷来的甲胺（桶上印有蜜蜂图案）合成苯乙酸。不过，这位贩毒集团的首席化学家借助了他人的力量。杰西是古斯和贩毒集团找来制造“蓝天”的，所以要么听他的，要么走人。当贩毒集团的一名化学家被指派去合成急需的苯乙酸时，“小海森堡”在责骂团队的其他成员，说实验室的状态太糟糕，迫切需要清洁和净化。一切就绪后，杰西才开始制毒。我们只看见他在这个实验室制过一次毒。（要重温杰西独自“料理”的情景，请重读第十七章。）

瓦姆诺斯杀虫公司

房车实验室和超级实验室都毁了，二人组和贩毒集团的联系也被切断了，沃尔特和杰西需要一个新的地方制毒。于是在第五季第三集《危险津贴》中诞生了瓦姆诺斯杀虫公司。将房车的机动性与超级实验室的先进设备结合起来，这是绝命毒师的编剧们在第五季中精心设计的绝妙制毒设施。把实验室搬到杀虫公司的防护布里是吉利根的主意，他绞尽脑汁才想出如何实现这个想法，不过后来他发现在新墨西哥州很少在房子外面盖防护布来熏蒸害虫。制片设计师马克·弗里伯恩煞费苦心设计并制造了符合原设想的冰毒制造设备，使其能装进实际的航空箱中，尽可能做到最大，同时又能通过标准尺寸的入户门，移动起来比较方便。

趣闻实情：瓦姆诺斯杀虫公司的防护布配色方案与《绝命毒

师》片名颜色是一致的。[17]

另一处备受粉丝欢迎的是《危险津贴》这一集里沃尔特和杰西的新款"烹饪制服"。事实证明，之前的服装对演员来说太过闷热，而且摩擦噪声太大，以至于干扰了对话的录制。第四季中极易辨识的淡黄色套装被改成了第五季的"运动服"风格，不过亚伦·保罗抱怨新套装仍然"热得吓人"。[18] 服装组设法找到了一种用于服装上的防水材料；事实上，他们拆了那些衣服，用这种材料做了第五季中的新衣服。[19]

但是在新服装启用，和瓦姆诺斯杀虫公司一同出现在新一季封面之前，索尔不得不说服沃尔特、杰西和麦克购买新的制毒场所。这次的"冰毒之旅"让"四人组"去了很多不同的地方，包括一个盒子工厂、一家墨西哥玉米饼加工厂和一家激光射击游戏厅。

这些制毒窝点都有什么缺陷呢？盒子工厂使用的盐和蒸汽不利于制毒过程对环境的控制；食品加工厂不仅需要应对政府部门的突击检查，而且因为用于制毒的化学物质具有刺鼻的气味（尤其是甲胺，有强烈的鱼腥味），还会让玉米饼"闻起来有猫尿味儿"；而激光射击游戏厅这个选项被沃尔特、杰西和麦克出于个人品味排除了，这是剧中的一个玩笑。[20]

《绝命毒师》内幕：索尔带沃尔特、杰西和麦克去的所有地方都是现实中还在运行的厂房。玉米饼加工厂是加工食品的地方，公司要求剧组团队当天包场。根据监管和卫生要求，他们在现场不得不整天戴着发网。所幸的是，最后大家可以尽情地享用玉米饼。

（在拍摄过程中，亚伦·保罗还犯了一个错误，他在拍摄时拿了一个刚出炉的玉米饼，烫伤了自己的嘴，在这一集的镜头里可以看到。）盒子加工厂的灵感源自吉利根过去在类似工厂为期两天的工作经历。[21]

对比之后，瓦姆诺斯杀虫公司以绝对优势胜出，制毒团队开始讨论开展工作的细节问题。索尔负责商业和法律方面的工作，麦克负责员工审查和安保，而沃尔特和杰西负责设计可移动实验室。正如沃尔特解释的那样，一个用于熏蒸的帐篷，里面有毒的化学物质、散发的奇怪气味，几乎足以警示所有人“严禁入内”，同时又能让他们待足够长的时间，至少可完成一次制毒流程不在话下。

沃尔特和杰西解决的第一个问题是实验室设备的可移动性。观众可以通过列出安装步骤图表来了解整个过程，其设备包括“超高纯度循环泵、高压萃取器、搅拌器、内筛板柱和低压过滤”。杰西表现出惊人的工程天赋，他建议分开运装一些设备的零部件，比如精加工槽的搅拌马达，它会在容器顶部上下跳动。所有这些定制零部件都为精明的废品场老板老乔和他的团伙提供了一个展示其TIG焊机（使用纯钨或活化钨作为电极的惰性气体保护电弧焊，用于焊接铝）和机械加工技术的完美机会。

使用杀虫公司作掩护的另一个好处是，当看到装有有毒化学物质的集装箱进出或储存在仓库里时，没有人会起疑心。为了安全起见，沃尔特和杰西用杀虫剂标签给他们装制毒材料的化工桶打了个掩护。瓦姆诺斯杀虫公司使用的化学品包括：

氟氯氰菊酯：一种杀虫剂，对鱼类、无脊椎动物和昆虫有很高的毒性，但对人体的毒性较弱。

草甘膦：美国孟山都公司开发的有机膦类除草剂，别名农达（Roundup）。

溴敌隆：一种灭鼠剂（耗子药），因强大的抗凝血特性而被称为“超级华法林”；在美国被归为“极危”产品。

氯化苦：一种广谱抗菌剂 / 杀真菌剂 / 除草剂 / 杀虫剂 / 杀线虫剂，作为限制使用的杀虫剂进行管制，并在用硫酰氟熏蒸前用作警戒性毒气。

硫酰氟：一种易于冷凝、无味的气体，用于防治白蚁，但也有神经毒性。中文商品名为熏灭净。

西维因：一种常用的家庭园艺杀虫剂。

这些家伙在杀虫方面绝不含糊。

趣闻实情：当告知房主他们在熏蒸过程中将要用到的设备和杀虫剂时，虫害控制专家说出了“蜚蠊目”这个词。蟑螂和白蚁等昆虫都属于这个目，这个词实在太有趣了，有必要提一下。（顺便说一句，还有一个好玩的镜头：制毒师清理现场时，一只蟑螂爬过工作台面。）

在《危险津贴》这一集中，这个制毒现场几乎是开放的，杰西在甲胺桶上贴上了“氟氯氰菊酯”标签；贴着同样标签的一大罐东西随后被倒入反应容器中——希望他们有办法把杀虫剂从原材料中分离出来，否则很快就会关门大吉。沃尔特和杰西穿上工作服后，进入已经搭好帐篷的房子里，又是一段漂亮的剪辑，呈现出制毒的过程。观众可以看到设备的所有不同零件从紧凑的航空箱中拆出来，巧妙地拼合，最终搭建成一个移动实验室。这段简直太精彩了。

不过，二人组似乎做出了一些妥协。不像在超级实验室里那样使用 TLC（薄层色谱法）测量样品 pH 值，沃尔特改用更常用但准确率较低的 pH 指示条。他们把碎铝箔倒进一个大缸里，这段镜头太适合拍摄了，让人赏心悦目，但也提醒我们，他们在还原步骤中仍在使用铝汞合金。在现实中使用这种特殊的还原剂会产生浑浊的灰色泡沫，镜头中很好地捕捉到了这一点。[22] 接下来就只剩下等待了，还有什么比在别人家客厅里看《活宝三人组》更好的时间消磨方式呢？

和《绝命毒师》前几季一样，在接下来的几集中，一切都很顺利，但到了第五季第七集《叫我海叔》，一切急转直下。麦克受够了沃尔特的诡计和他日益暴力的另一个人格海森堡。杰西也终于听从麦克诚恳的建议，选择退出，即便善于操纵人心的沃尔特说杰西称得上和自己同样优秀的制毒师。然而海森堡与亚利桑那州的竞争对手德克兰达成新的生产和分销协议，急需一个助手才能按期完成任务。于是，托德——一个为了成功不惜一切代价的凶猛老手——再次登场。

托德做助手，沃尔特就需要从零开始了。杰西至少上过高中化学课——虽然挂了科。沃尔特自知这个事实，声称他不需要托德变成安东尼·拉瓦锡——被称为“现代化学之父”的18世纪法国化学家，对化学和生物学都影响深远，因采用定量方法来取代常用的定性方法而闻名。（拉瓦锡还发现了氧在燃烧过程中的作用，他命名了氧和氢，并认为这两种气体都参与燃烧过程，而不是像当时流行的燃素理论那样将燃烧归因于可燃物中“类似火的”元素。他还建立了公制单位，改进了化学命名法，此外还有更多其他成就。）托德不是拉瓦锡，他只是想跟上沃尔特的步伐。

在制毒过程中，特别是在将铝箔碎片倒入反应容器时，沃尔特向托德提到“铝有助于加快氯化氢的输送”。如果你一直看到现在，就会记得，当铝加到汞溶液中，会形成一种汞合金，将亚胺还原成最终的产品甲基苯丙胺。铝在这里的唯一作用是加速反应，有助于他们在结晶过程中“输送”氯化氢。感谢沃尔特说得如此简单。

沃尔特给托德的最后一句指导是“二氧化碳将液体冻结，使其结晶”，最终获得冰毒。奇怪的是，海森堡的冰毒纯度极高，实际上应该比含有更多杂质和污染物的“脏冰毒”结晶更慢。晶体需要一个成核点，或者“种子”，这样才能有一个生长的锚点，就像大气中冰晶积累形成雪一样；那些杂质和污染物提供了成核的“种子”。沃尔特为了尽量加快冰毒的结晶速度，可能不仅采用了降低温度的方法，还使用二氧化碳来阻止水蒸气进入。他追求的“冰”毕竟不是水结成的冰。

更多关于冰毒制作的镜头展现了托德努力正确操作各个步骤的情景。和之前的实验室一样，瓦姆诺斯杀虫公司在《绝命毒师》的世界中也不长久。从这里开始，情况就变得黑暗和肮脏了。坚持住，我们来看一看非法甲基苯丙胺生意中更糟糕的一面。

德克兰的荒漠实验室

在第五季后半段，沃尔特退出了毒品生意，一部分原因是他的钱多得已经不知道该拿来做什么，与此同时，一路上可能牵连到他的人都被他消灭了；另一部分原因是他的癌症复发，只有几个月可活了。但海森堡洗手不干，并不意味着他的供应商、买家和竞争对手也会这么做。在第五季第十集《掩埋》中，德克兰的沙漠实验室暂时还在运作。请重温莉迪娅·罗达特－奎尔进入这个黑暗而肮脏的实验室的场景。剧组设计和置景团队将这个实验室打造得非常成功，它是掩埋在沙漠里的一辆完整的公共汽车，被改装成了一个秘密实验室。

从外面看上去，这个地方就是一个陷入地下将近 1 米深的洞，制造出一种进入地下工厂的错觉，实验室本身的设备其实是由剧组电气部门组装的一个科学怪人级别的摄影棚。公共汽车外围搭建了一整圈脚手架，让摄制组的工作更轻松、高效。公共汽车被切割成不同板块并放在滚轮上，以方便移动不同板块进行拍摄。这是另一个奇妙的设计元素，可惜在剧中只是短暂呈现。[23]

但出于叙事的目的，我们从未在这里看到过制毒的环节。德克兰制毒师的产品不合格——只有 68% 的纯度——无法维持下去。（在托德差点烧毁实验室之前，他甚至也得到了 74% 纯度的冰毒。）在莉迪娅下令干掉德克兰一伙后，镇上支持冰毒业的新一任硬角色是杰克·韦尔克——托德的叔叔——和他的白人至上主义者帮派。他们在地下冰毒实验室搜罗设备和工具，为他们新上任的制毒师托德·阿尔奎斯特准备所需的一切。

杰克·韦尔克的白人至上主义者大院

随着本季和整剧走向尾声，这间宽敞、设备齐全的小屋将成为一切的焦点。在第五季第十三集《藏金之地》中，观众第一眼看到了托德在另一个由一群可恶的种族主义者占据的沙漠大院里制毒。制毒过程毫无美感，制造出来的冰毒似乎更接近现实世界中冰毒真实的颜色——米黄色，有点浑浊——确实会让人想念“蓝天”

的成色。托德在这里的产量相当不错，有50磅左右的产品，即使外观和纯度都不达标——纯度为76%，至少比他先前的产品要好一些。有趣的是托德衡量这个百分比的方式。

眼尖的观众会发现托德使用的是手持设备。他将一份液态冰毒样品放在设备一端的一个小窗口上，同时通过另一端的目镜观察。托德很满意，他所看到的正是他想要的。他又对照了一下单子（我猜那是一张数据表），然后自豪地说他的冰毒纯度为76%。（虽然仍然不是蓝色……）那么这里到底发生了什么？

看上去托德应该使用了折射仪。这是一种用于实验室甚至现场测量折射率的设备，基本上是测量光在给定介质中的传播，在兽医学中可用于测量血液样本中的血浆蛋白，在药物测试方案中测量尿液比重，甚至在家庭酿造和养蜂业中监测糖和水的含量。在这里，托德用它测量光在冰毒样品中的运行。含有更多溶解固体的样品密度较大，相对于密度较低且光学透明的较纯样品，会减慢和阻碍光的传播。如果托德将读数与已知不同纯度甲基苯丙胺的折射率表进行比较，实际上是一种不错的快速测量方法。虽然存在哪些化学杂质不得而知，但仍然是一个有趣的呈现。

对莉迪娅和她的捷克共和国买家而言，托德的产品纯度显然还不够。但沃尔特原来的徒弟还在，这对制毒集团来说是个好消息，对杰西来说却是个坏消息。在第五季第十四集《万王之王》中，帮派把杰西囚禁在大院一处矿井里，把他像牲畜一样拴在那里制毒。

重温这一幕不是件容易的事，但请坚持下去，因为离结局不远了！

实验室，杰西曾经的避难所，甚至是享受之地，现在已经变成了活生生的地狱。他甚至回忆起很久以前，在毒品改变他的生活之前，他能够在高雅的木工艺术中找到简单的乐趣。从温暖泛黄的旧日情景，陡然切回到监狱实验室冰冷、无菌的金属环境。我们最后一次看到杰西准备扔掉碎铝箔，这是世界上最悲伤的事情，或者至少可以说是《绝命毒师》中最悲伤的事情之一。

本剧试播时就从实验室开始，大结局也在实验室结束。在消灭了种族主义帮派并最终释放了杰西之后，沃尔特·怀特——臭名昭著的海森堡——孑然一身，与家人疏远，向消耗自己大量时间的实验设备道别。最终，他死于枪伤，死在他唯一真正感到活着的地方：美国西南部荒漠中这块法外之地的秘密制毒实验室。

副反应 #14：牧歌食品的定性分析

你不会真以为我会以这样一个低沉的基调结束这一节吧？如果有各种各样的趣闻可以谈论的话，基调就变了！在第五季第二集《牧歌》中，牧歌电气公司（其旗下有古斯·福林的兄弟炸鸡连锁店）的快餐部主管彼得·舒勒正坐在最先进的实验室里品尝新口味蘸酱，有一大碗鸡块供他随意取用。虽然这听起来像是一份愉快的有偿工作，舒勒先生却并不喜欢。我们来看看他要选择的风味：

蜂蜜芥末：口味偏甜，使用高果糖玉米糖浆，蜂蜜减少 2.2%，使白利度（Brix）增加了 14%。

法式：一半法式调料，一半田园风味。一个新的概念。

炫酷凯金（Cajun Kick-Ass）：由于原配方会引起胃痛，这是一个新配方。

烟熏牧豆树烧烤：添加 3% 的烟熏味。

番茄酱：常用调味料。

虽然听起来很傻，但其中也有一些科学依据。白利度，或称白利糖度，是指溶液中糖分的含量。1 白利度表示 100 克溶液中含有 1 克蔗糖，所以基本上代表了糖的百分比。如果原版蜂蜜芥末酱糖度是 30 白利度，那么加糖的“美国中西部”版本糖度将是 34.2 白利度，这意味着增加了 14%。

白利度来源于 19 世纪德国数学家兼工程师阿道夫·费迪南·温塞斯劳斯·布瑞克斯（Adolf Ferdinand Wenceslaus Brix，“Brix”旧译“白利”），他是那个单纯的时代少数几个研究蔗糖溶液比重测量方法的人之一。其他研究者包括卡尔·巴林，他建立了巴林度，用来测量啤酒麦芽汁中溶解的固体浓度，作为酒精浓度的潜在指标；弗里茨·柏拉图，他的柏拉图度也被酿酒业广泛用于测量酒精浓度。我之所以提这些，部分原因是测定溶液中的糖含量也可以通过测量其折射率来完成，就像托德测量他的冰毒样本时所做的那样。我讨论它的另一个原因是，这个场景太愚蠢了。

趣闻实情：你可以成为一名有薪水可拿的感官分析师。感官专家不仅是一名“味觉测试员”，还应该拥有能够感知各种化合物（香味和味道）的味觉，以及能够清晰地传达这些发现的知识、能力和经验。此外，分析师要抽样测试的不仅是最终产品，还包括整个生产过程中的所有原料。酿酒师不仅要品尝瓶装啤酒，还要品尝大麦、麦芽、啤酒花、水和麦汁。

实情：愁眉苦脸的舒勒找借口离开了品尝会，避开刚刚赶来拘留他进行审问的执法小组。舒勒先生宁死也不愿被监禁，他用自动体外除颤器（AED）自杀。坏消息是，这一幕再次成为剧中令人沮丧的一幕；好消息是，这在现实世界中可能行不通。

由于自动体外除颤器是放在外面让非专业人士操作的“傻瓜机”，它们只能在特定情况下运行，也就是病人心脏出现纤颤，即不规则节律时，而且胸垫要放在正确的位置。自动体外除颤器提供的能量为120—200焦耳，最多可达三次，目的在于纠正心律失常。请不要把自动体外除颤器与手动除颤器混淆，专业设备只能留给医疗专业人士或电视剧上的扮演者使用。

第十九章　大结局/告别曲

唐娜·J. 纳尔逊博士

《绝命毒师》中使用了很多标志性图案作为剧集象征，而随着剧情的推进，这些图案也发生了改变。一开始是一套元素周期表上溴和钡的符号，对角连接在一起的图案，几乎印在所有东西上。我收到过印有这些符号的冰箱贴。

在第一季和第四季拍摄中探访片场时，我收到了剧组定制的很多纪念币（见图 19.1 和 19.2）。这些硬币上有剧中常用的符号。第一季硬币的正面印着最早使用的符号之一——沃尔特·怀特的“白色紧身”内裤，还有“BREAKING BAD”（绝命毒师）和“IT’S CHEMISTRY, BITCH”（化学，妙不可言）等字样。背面是对角相连的溴和钡的符号，并写着“SEASON ONE CREW * ALBUQUERQUE * 2007”（第一季剧组成员 * 阿尔伯克基 * 2007 年）。

第四季硬币正面是 20 世纪 40 年代经典的棕色“猪肉馅

饼帽”，沃尔特·怀特以海森堡身份出现时戴过这顶帽子，让角色与这顶帽子密不可分。上面还写着“BREAKING BAD”和“HAT ON, GLOVES OFF”（戴上帽子，脱下手套）。背面有对角相连的溴和钡的符号，写着“SEASON FOUR CREW * ALBUQUERQUE BURBANK * 2011”（第四季剧组成员 * 阿尔伯克基伯班克 * 2011 年）。

甲基苯丙胺的蓝色晶体成为最具辨识度的流行图案之一。在 2012 年的动漫展上，《绝命毒师》的演员和工作人员向兴奋的观众们扔了些小礼袋，里面装的蓝色晶体实际上是晶体糖，尝起来像棉花糖。

有一次在片场，文斯问我："你对制造蓝色冰毒有什么看法？"我说："我做不出。甲基苯丙胺是白色的。""如果是纯净的冰毒，有没有可能是蓝色的呢？""纯净的冰毒是白色的。"他继续问道："如果真的是纯度极高的冰毒呢？"我回答说："非常非常纯的冰毒会非常非常白。"不过大家都看到了，他依然忽略了我的建议，把冰毒弄成了蓝色。我印象中这是唯一一次他没有采纳我的建议。毕竟，这部剧不是纪录片，而是虚构的剧情片。名为“蓝天”的蓝色冰毒是剧情需要，也是一种象征。沃尔特需要为他的产品贴上一个商标，颜色就是它的标签。

其他图案还包括沃尔特的面部表情、他的黄色防护服，以及一些经典台词，如“记住我的名字”。最后一个也是剧情设置，让我们记住这部剧的名字——《绝命毒师》，很多人都不会忘记它。

图 19.1　《绝命毒师》纪念币
唐娜 · J. 纳尔逊博士供图

图 19.2　《绝命毒师》纪念币
唐娜 · J. 纳尔逊博士供图

打起精神，名流们。现在就是你们让一切都回归正轨的机会。

——沃尔特·怀特，第五季第十六集《告别曲》

看完《绝命毒师》全五季，观众们见证了沃尔特·怀特从一个温和怯懦、努力维持生计的高中科学教师蜕变成海森堡——一个渴望权力的毒枭，他的天才，只有他的冷酷能媲美。从草根到反面英雄再到彻头彻尾的恶棍，这种变化的每一步都有沃尔特的科学知识相助，这不仅让他从实验室开始建立起自己的冰毒帝国，还扫除了一切障碍，无论是人或物都阻挡不了他的步伐。在大结局《告别曲》中，还有最后一个亟待解决的问题。

大结局并没有展示什么科学——不过我很喜欢英文片名“Felina*”和“Final”（大结局）这两个词的巧妙转变——它主要表现沃尔特在告别人世的羁绊之前实施其最终计划，但我想特别指出，其中有一点尤为巧妙的设计。

在第五季第一集《不自由毋宁死》中，沃尔特就提到他有一把 M60 机关枪，藏在汽车后备厢里，旁边还有几箱弹药。这个“幽灵”一直笼罩整季，直到最后一刻登场。场面相当壮观。沃尔特把机关枪架在汽车后备箱安装的某种自动发射装置上，并通过远程

* 据说“Felina”是一首歌曲中一个墨西哥女孩的名字，整首歌的歌词与毒师的命运不谋而合。另一种说法是“Felina”为铁（Fe）、锂（Li）、钠（Na）三种分别与血液、冰毒、眼泪相关的元素。

控制的钥匙扣触发装置，一举干掉了杰克窝点的种族主义者们，自己也中了致命一枪。

虽然这一幕更接近百战天龙般的体验，而不是疯狂科学，但这款致命武器的设计也相当巧妙。最初，吉利根和编剧在剧本中称它为“魔鬼的挡风玻璃刮水器”。[1] 虽然这一描述在视觉上令人印象深刻，但在一定程度上就是字面意思：吉利根曾设想将 M60 安装在雨刷器上，使这款枪拥有致命的摆动和扫射能力。后来制作团队介入，改用车库门电机，使这个装置有足够的动力来带动 23 磅重的大家伙。吉利根在相关幕后播客中提到，这里使用的电机是一个 12 伏车库门开门装置，由标准 12 伏汽车电池供电。[2] 一般情况下，车库门电机是插在 120 伏家用电源上的，但也可使用 12 伏备用电池来操作。也就是说，这个方案是可行的。

至于装置是否有效，是否会给另一边的种族主义分子带来致命一击，《流言终结者》团队进行了测试。[3] 不足为奇，测试结果几乎与最后一幕一模一样，令人惊讶的是，沃尔特·怀特角色的扮演者在这场测试中幸存下来。

《绝命毒师》的故事在沃尔特疯狂的科学行为终结后不久就结束了。他的转变很彻底，两年之后他的“化学反应”也全部完成了。在我看来，那些使海森堡成为这样一个危险和致命反派人物的特质，也一直是沃尔特人物特点的一部分，这也正是这部剧的迷人所在。我们不知道他确诊癌症并最终决定黑化之前那 50 年左右经历的所有细节，但可以确信，沃尔特不是改过自新的罪犯重归旧途，也不是什么一夜转变的超级恶棍。他只是一个人，具有非凡科学知识和洞察力的人，但也就是一个人。海森堡是沃尔特·怀特内心的阴暗面，他在背后酝酿了 50 年，最终在确诊癌症的催化作用下，产生了一种无法抑制且失控的反应。作为观众，我们可以选择(并争辩)沃尔特·怀特真正变成恶棍的时刻，但对海森堡本人来说，阻止他成为毒枭或恶棍从来就是不可能的。

《绝命毒师》中道德谱系的存在，让观众可以自己判断沃尔特是在何时何地越界，这个元素也是这部剧成为电视史上最佳剧集的原因之一。数以百万计的观众、无数的奖项和好评如潮，足以证明这部剧的成功。观看《绝命毒师》仍然是一种丰富而有益的个人娱乐体验。你可以从任何角度来分析这部剧：历史或法律的准确性、作曲家戴夫·波特卓越的音乐创作、制作团队和艺术部门令人难以置信的成就、演员和工作人员的非凡贡献、对本剧及其如何改变电视行业的批判进路，甚至从色彩理论的视觉层面来分析这部剧。(我建议读者浏览关于这些主题的所有资料，如果找不到相关资料，不妨自己分析！)

当然，你也可以一探究竟，看看《绝命毒师》中与现实世界和实际的科学相关的部分，看看剧中的描述有多准确。如果能做到这一点，大可以自诩这方面的专家。

《绝命毒师》从各方面来说都将是电视史上最伟大的电视剧之

一。它是为数不多的一部包含真实的科学概念和科学实践的虚构电视剧，这个事实只是锦上添花。我很荣幸能和你一起重温这些剧情细节。通过阅读这本书，我希望你能对真实世界的科学（和科学家）以及它们在剧中不可或缺的存在有更深的理解，也希望你能喜欢《绝命毒师》背后的科学。

名词解释

标准原子量 / 相对原子质量：元素单个原子的平均质量与碳-12 原子质量的十二分之一的比值。

波长：波的连续波峰之间的距离，尤指声波或电磁波中的点之间的距离。

成瘾：对某种物质或活动上瘾的事实或状态。成瘾是一种关系到奖励、动机、记忆和相关路径的慢性大脑疾病。成瘾的特征包括无法持续戒断、无法自控、有强烈的渴求、对自我行为和人际关系中的重大问题缺乏认知，以及情绪反应失调。

创伤后应激障碍（PTSD）：医学上指由于受伤或严重的心理冲击引起的持续精神和情绪紧张状态，通常伴有睡眠障碍和对经历的不断生动回忆，同时对他人和外界反应迟钝。

单宁：黄色或褐色的苦味有机物质，可以从胆汁、树皮及其他植物组织中提取，由没食子酸的衍生物组成。

电池：将本身储存的化学能转化成电能的装置，包括一个或多个空间，用于提供能源。

电负性：元素在化学反应中获得电子和形成负离子的倾向性。

电子：一种带负电的稳定的亚原子粒子，存在于所有原子中，是固体物质中主要的电载体。

毒品：指在摄入或以其他方式进入体内时产生生理作用的药物或其他物质。通常是非法服用且具有麻醉或兴奋剂作用的物质。

对映体：一种化合物的两个分子彼此不能重叠，互为镜像，这样的一对分子互为对映体。

恶性腺瘤：一种由上皮组织腺体结构形成的恶性肿瘤。

负极：带正电的电极，电子经由阳极离开电子装置。与正极相对。

高压釜：用于化学反应和其他高压和高温过程的加热容器，如蒸汽灭菌。

共轭：酸或碱失去或获得一个质子后产生相应的碱或酸，这种依赖关系称作共轭关系。

光子：代表光量子或其他电磁辐射的粒子。光子携带的能量与辐射频率成正比，但静止质量为零。

焓：代表系统总能量，等于系统的内能与压强和体积的乘积之和；焓变与特定化学过程相关。

核：原子内部带正电的核心部位，由质子和中子组成，几乎包含原子的全部质量。

化学：科学研究的一个分支，研究物质的组成、性质和反应，以及利用这些反应形成新的物质。

甲基苯丙胺：一种合成药物，比苯丙胺的效果更快、更持久，被非法用作兴奋剂。

碱性物质：能够与酸反应形成盐和水的物质，或（更宽泛地说）是接受或中和氢离子的物质。

解离常数：表示溶液中某种物质分解成离子的量，等于各离子的浓度除以未分解分子的浓度。

惊恐发作：一种突然的、强烈的、难以忍受的焦虑感。

频率：物质（如声波）或电磁场（如无线电波和光）中形成的波每秒振动的次数。

普朗克常数：一个基本常数，等于电磁辐射的量子能量除以它的频率，数值为 6.626×10^{-34} 焦耳 / 秒。

前体：可以形成其他物质的一种物质，尤指代谢反应中某一阶段之前的物质。

神经递质：生理学上指当神经冲动达到时，神经纤维末端释放的化学物质，通过扩散到突触或连接处，影响冲动进入另一神经纤维、肌肉纤维或其他结构的传递。

神游症：精神病学上指人丧失身份意识，通常伴随着逃离日常生活环境，与某些形式的歇斯底里和癫痫有关。

手性：不对称的结构，与其镜像不可重叠。

酸：一种具有特殊化学性质的物质，可中和碱、使石蕊变红或溶解某些金属；通常指具有腐蚀性或酸味的液体。在化学上指在反应中可以提供质子或接受电子对的分子或其他物质。

同分异构体：化学上指具有相同分子式，但原子排列和性质不同的两种或两种以上化合物。物理学上指具有相同原子序数和相同质量数但不同能量状态的两个或多个原子核。

同素异形体：一种元素所能呈现的两种或两种以上的物理形态。石墨、木炭和金刚石都是碳的同素异形体。

同位素：同一元素的两种或多种形式，其原子核中含有相同数量的质子，但中子数量不同，因此相对原子质量不同，化学性质不同；尤指放射性同位素。

稀释：在溶液里面添加溶剂，使溶液浓度变低。

盐桥：一种含有电解质（通常为凝胶形式）的管，用于连接两种溶液，以消除液接电位。

氧化值/氧化态：指定给化学组合中某一元素的数字，表示化合物中该元素原子失去的电子数（如果这个数字是负数，则表示得到的电子数）。

元素：目前已知不能相互转换或分解成更简单物质的一百多种物质。不同元素以其原子序数来区分，原子序数是原子核中的质子数。

元素周期表：按原子序数排列的化学元素表，通常排列成行，具有相似原子结构（并因此具有相似化学性质）的元素排成纵列。

原子：保持物质化学属性的最小粒子。

原子序数：原子核中的质子数，决定了该元素在元素周期表中的位置。

蒸汽压：液体蒸发或固体升华所产生的气体分子对容器等物造成的压强。

正极：带负电荷的电极，电子经由阴极进入电子装置。与负极相对。

质子：存在于所有原子核中的稳定亚原子粒子，其所带的正电荷与电子所带的电荷数量相等。

以上定义依据 https://en.oxforddictionaries.com（最后登录时间：2018年11月9日）。

注　释

第一章

1. Kelley Dixon and Vince Gilligan, "Episode 1," *Breaking Bad Insider Podcast*, AMC, March 26, 2009, https://www.stitcher.com/podcast/breaking-bad-insider-podcast/e/38708099.
2. 同上。
3. Jyllian Kemsley, "*Breaking Bad*: Novel TV Show Features Chemist Making Crystal Meth," *Chemical & Engineering News* 86, no. 9 (March 2008): 32–33, https://cen.acs.org/articles/86/i9/Breaking-Bad.html.

第二章

1. Katrina Krämer, "Beyond Element 118: The Next Row of the Periodic Table," *Chemistry World*, January 29, 2016, https://www.chemistryworld.com/news/beyond-element-118-the-next-row-of-the-periodic-table/9400.article.
2. "Unified Atomic Mass Unit" defined, *IUPAC Gold Book*, last update February 24, 2014, http://goldbook.iupac.org/html/U/U06554.html.

第三章

1. "The Science of *Breaking Bad*: Pilot," *Weak Interactions: Screen Science Explained*, accessed November 13, 2018, https://weakinteractions.wordpress.com/2009/06/15/the-science-of-breaking-bad-pilot/.
2. Anne Marie Helmenstine, "Colored Fire Spray Bottles," ThoughtCo, last updated June 8, 2018, https://www.thoughtco.com/colored-fire-spray-bottles-607497; "Pyrotechnic compounds," under "Fireworks," last updated November 3, 2018, accessed November 16, 2018, https://en.wikipedia.org/wiki/Fireworks#Pyrotechnic_compounds.
3. David Harvey, "10.7: Atomic Emission Spectroscopy," last updated May 3, 2016, https://chem.libretexts.org/Textbook_Maps/Analytical_Chemistry_Textbook_Maps/Map%3A_Analytical_Chemistry_2.0_(Harvey)/10_Spectroscopic_Methods/10.7%3A_Atomic_Emission_Spectroscopy.

第四章

1. Matheson Tri-Gas, *Material Safety Data Sheet: Phosphine*, April 18, 2006, https://www.mathesongas.com/pdfs/msds/MATH0083.pdf
2. Royal Society of Chemistry, "Periodic Table: Phosphorus," accessed October 28, 2018, http://www.rsc.org/periodic-table/element/15/phosphorus.
3. Jonathan Hare, "On-Screen Chemistry," *InfoChem*, accessed October 28, 2018, http://www.rsc.org/images/breaking-bad-phosphine-gas_tcm18-233821.pdf.
4. "Red Phosphorus Flame Retardants," SpecialChem, accessed October 28, 2018, http://polymer-additives.specialchem.com/selection-guide/flame-retardants-center/red-phosphorus.

5. Juliet Lapidos, "What's So Great about White Phosphorus?," *Slate*, March 27, 2009, http://www.slate.com/articles/news_and_politics/explainer/2009/03/whats_so_great_about_white_phosphorus.html.
6. Cameo Chemicals, "Chemical Datasheet: Calcium Phosphide," accessed October 28, 2018, https://cameochemicals.noaa.gov/chemical/314.
7. Hare, "On-Screen Chemistry."
8. National Research Council, *Toxicity of Military Smokes and Obscurants: Volume 1* (Washington, DC: National Academies Press, 1997), https://www.nap.edu/read/5582/chapter/6#99.
9. Jeremy Pearce, "H. Tracy Hall, a Maker of Diamonds, Dies at 88," *New York Times*, August 2, 2008, http://www.nytimes.com/2008/08/02/us/02hall.html.
10. Thomas H. Maugh II, "General Electric Chemist Invented Process for Making Diamonds in Lab," *Los Angeles Times*, July 31, 2008, http://articles.latimes.com/2008/jul/31/local/me-hall31.

第五章

1. Kelley Dixon and Vince Gilligan, "Episode 307," *Breaking Bad Insider Podcast*, AMC, May 4, 2010, https://www.stitcher.com/podcast/breaking-bad-insider-podcast/e/38708187.
2. Kelley Dixon and Vince Gilligan, "Episode 9," *Breaking Bad Insider Podcast*, AMC, May 4, 2009, https://www.stitcher.com/podcast/breaking-bad-insider-podcast/e/38708144.
3. Laura June, "Yissum Develops Potato-Powered Batteries for the Developing World," *Engadget*, June 20, 2010, https://www.engadget.com/2010/06/20/yissum-develops-potato-powered-batteries-for-the-developing-world/.
4. "Standard Electrode Potential," last edited October 23, 2018, accessed

October 28, 2018, https://en.wikipedia.org/wiki/Standard_electrode_potential.

5. 同上。
6. "Peak Amps vs Cranking Amps (and More)," Jumpstarter, accessed October 28, 2018, https://jumpstarter.io/peak-amps-vs-cranking-amps/; Alice Vincent, "*Breaking Bad*: The Science Behind the Fiction," *The Telegraph*, August 3, 2013, http://www.telegraph.co.uk/culture/tvandradio/10218885/Breaking-Bad-The-science-behind-the-fiction.html.
7. "IMERC Fact Sheet: Mercury Use in Batteries," Northeast Waste Management Officials' Association, last updated January 2010, http://www.newmoa.org/prevention/mercury/imerc/factsheets/batteries.cfm.
8. Kelley Dixon and Vince Gilligan, "Episode 313," *Breaking Bad Insider Podcast*, AMC, June 15, 2010, https://www.stitcher.com/podcast/breaking-bad-insider-podcast/e/38708217.
9. Pacific Gas and Electric Company, *PG&E Urges Customers to Keep Metallic Balloons Secure for Valentine's Day Celebrations*, February 6, 2014, https://www.pge.com/about/newsroom/newsreleases/20140206/pge_urges_customers_to_keep_metallic_balloons_secure_for_valentines_day_celebrations.shtml.
10. Dixon and Gilligan, "Episode 313."

第六章

1. "LM Fabricated Series Scrap Magnets," Walker Magnetics, accessed October 18, 2018, http://www.walkermagnet.com/scrap-magnets-liftmaster-lm-fab-series.htm.
2. "Hard Drive Destruction," K&J Magnetics, Inc., accessed October 18, 2018, http://www.kjmagnetics.com/blog.asp?p=hard-drive-destruction.

3. “Common Degausser Misconceptions,” Data Security, Inc., accessed October 18, 2018, http://datasecurityinc.com/degaussermyths.html.
4. Kelley Dixon and Vince Gilligan, “Episode 501,” *Breaking Bad Insider Podcast*, AMC, July 17, 2012, https://www.stitcher.com/podcast/breaking-bad-insider-podcast/e/38708278.
5. Dave Itzkoff, “Creative Abetting of a TV Drug Lord,” *The New York Times*, July 16, 2012, http://www.nytimes.com/2012/07/16/arts/television/breaking-bad-creating-magnetic-attraction.html.
6. Andrew McHutchon, *Electromagnetism Laws and Equations*, 2013, http://mlg.eng.cam.ac.uk/mchutchon/electromagnetismeqns.pdf.
7. AMC, *Making of the Season 5 Premiere: Inside Breaking Bad*, July 15, 2012, https://www.youtube.com/watch?v=01oAqfozRPc.
8. Kelley Dixon and Vince Gilligan, “Episode 12,” *Breaking Bad Insider Podcast*, AMC, May 25, 2009, https://www.stitcher.com/podcast/breaking-bad-insider-podcast/e/38708153.
9. Ryan Singel, “Zombie Computers Decried as Imminent National Threat,” *Wired*, April 9, 2008, https://www.wired.com/2008/04/zombie-computer/.
10. Kris Hundley and Kendall Taggart, “‘Breaking Bad’ Fundraiser Funnels Cash to One of America’s Worst Charities,” Tampa Bay Times, last updated August 22, 2013, https://www.tampabay.com/news/business/breaking-bad-fundraiser-funnels-cash-to-one-of-americas-worst-charities/2137747.

第七章

1. Kelley Dixon and Vince Gilligan, “Episode 308,” *Breaking Bad Insider Podcast*, AMC, May 1, 2010, https://www.stitcher.com/podcast/breaking-bad-insider-podcast/e/38708192.
2. Kelley Dixon and Vince Gilligan, “Episode 503,” *Breaking Bad Insider*

Podcast, AMC, July 31, 2012, https://www.stitcher.com/podcast/breaking-bad-insider-podcast/e/38708283.

3. "Coffee Chemistry: Cause of Bitter Coffee," Coffee Research Institute, accessed October 28, 2018, http://www.coffeeresearch.org/science/bittermain.htm.
4. "How to Brew Coffee", National Coffee Association, accessed October 28, 2018, http://www.ncausa.org/About-Coffee/How-to-Brew-Coffee.
5. Rebecca Smith, "Secret to Perfect Cup of Coffee Lies in the Quality of the Water Researchers Say," *The Telegraph*, June 5, 2014, http://www.telegraph.co.uk/news/health/news/10875537/Secret-to-perfect-cup-of-coffee-lies-in-the-quality-of-the-water-researchers-say.html.
6. Paul B. Schwartz, Samuel Beattie, and Howard H. Casper, "Relationship Between *Fusarium* Infestation of Barley and the Gushing Potential of Malt," *Journal of the Institute of Brewing* 102 (March–April 1996): 93–96, http://onlinelibrary.wiley.com/doi/10.1002/j.2050-0416.1996.tb00899.x/epdf.
7. "Beer Priming Calculator," Brewer's Friend, last updated July 2013, https://www.brewersfriend.com/beer-priming-calculator/.
8. Kelley Dixon and Vince Gilligan, "Episode 5," *Breaking Bad Insider Podcast*, AMC, April 8, 2009, https://www.stitcher.com/podcast/breaking-bad-insider-podcast/e/38708123.
9. "Q&A—Dean Norris (Hank Schrader)," AMC, September 2011, http://www.amc.com/shows/breaking-bad/talk/2011/09/dean-norris-interview-2.

第八章

1. "628-86-4 (Mercury Fulminate, Wetted with Not Less Than 20% Water, or Mixture of Alcohol and Water, by Mass) Product Description," Chemical

Book, accessed October 28, 2018, http://www.chemicalbook.com/ChemicalProductProperty_US_CB6852038.aspx

2. "MythBusters Episode 206: Breaking Bad Special," MythBusters Results, accessed November 13, 2018, https://mythresults.com/breaking-bad-special.
3. Bruce A. Averill and Patricia Eldredge, "8.5 Lewis Structures and Covalent Bonding," in *Principles of General Chemistry* (Creative Commons, December 29, 2012), https://2012books.lardbucket.org/books/principles-of-general-chemistry-v1.0/s12-05-lewis-structures-and-covalent-html.
4. Edward Howard, "On a New Fulminating Mercury," *Philosophical Transactions* 90 (January 1800), 204–238, http://rstl.royalsocietypublishing.org/content/90/204.full.pdf+html.
5. "MythBusters Episode 206: Breaking Bad Special."
6. 同上。
7. Howard, "On a New Fulminating Mercury," 206.
8. "MythBusters Episode 206: Breaking Bad Special."
9. 同上。
10. Kelley Dixon and Vince Gilligan, "Episode 3," *Breaking Bad Insider Podcast*, AMC, March 26, 2009, https://www.stitcher.com/podcast/breaking-bad-insider-podcast/e/38708113; "*Turning the Tables: Inside Breaking Bad—Season 1, Episode 6*," AMC, accessed October 28, 2018, http://www.amc.com/shows/breaking-bad/video-extras/season-01/episode-06/turning-the-tables-inside-breaking-bad.
11. Kelley Dixon and Vince Gilligan, "Episode 413," *Breaking Bad Insider Podcast*, AMC, October 11, 2011, https://www.stitcher.com/podcast/breaking-bad-insider-podcast/e/38708275.
12. Kelley Dixon and Vince Gilligan, "Episode 412," *Breaking Bad Insider Podcast*, AMC, October 4, 2011, https://www.stitcher.com/podcast/

breaking-bad-insider-podcast/e/38708270.
13. "Ammonium Nitrate Security Program (ANSP)," Department of Homeland Security, last updated August 22, 2018, https://www.dhs.gov/ammonium-nitrate-security-program.
14. Dixon and Gilligan, "Episode 413."

第九章

1. Hans Goldschmidt and Claude Vautin, "Aluminum as a Heating and Reducing Agent," *The Journal of the Society of Chemical Industry* 6, no. 17 (June 1898): 543–545, https://web.archive.org/web/20110715133307/http://www.pyrobin.com/files/thermit%28e%29%20journal.pdf/.
2. Signe Brewster, "*Breaking Bad*'s Science Advisor Fact Checks Some of the Show's Greatest Chemistry Moments," Gigaom, August 11, 2013, https://gigaom.com/2013/08/11/breaking-bads-science-advisor-fact-checks-some-of-the-shows-greatest-chemistry-moments/.
3. James Simpson, "A Nazi War Train Hauled the Biggest Gun Ever Made," *Medium*, July 31, 2015, https://medium.com/war-is-boring/a-nazi-war-train-hauled-the-biggest-gun-ever-made-a05e20070ebd.
4. Kelley Dixon and Vince Gilligan, "Episode 506," *Breaking Bad Insider Podcast*, AMC, August 21, 2012, https://www.stitcher.com/podcast/breaking-bad-insider-podcast/e/38708294.

第十章

1. Discovery Communications, Inc., "Breaking Bad Special: Adam's Science Experiment," *MythBusters, accessed November* 9, 2018, https://www.discovery.com/tv-shows/mythbusters/videos/breaking-bad-special-adams-

science-experiment/.

2. Anne Marie Helmenstine, "What Is the World's Strongest Superacid?," ThoughtCo., last updated October 6, 2018, https://www.thoughtco.com/the-worlds-strongest-superacid-603639.
3. 同上。
4. "MythBusters Episode 206: Breaking Bad Special," MythBusters Results, accessed November 13, 2018, https://mythresults.com/breaking-bad-special.
5. Brian Palmer, "Soluble Dilemma: How Long Does It Take to Dissolve a Human Body?," *Slate*, December 10, 2009, http://www.slate.com/articles/news_and_politics/explainer/2009/12/soluble_dilemma.html.

第十一章

1. David Spiegel, "Dissociative Fugue," *Merck Manual*, last updated July 2017, https://www.merckmanuals.com/home/mental-health-disorders/dissociative-disorders/dissociative-fugue.
2. Jane E. Brody, "When a Brain Forgets Where Memory Is," *New York Times*, April 17, 2007, http://www.nytimes.com/2007/04/17/health/psychology/17brody.html.
3. Neel Burton, "Dissociative Fugue: The Mystery of Agatha Christie," *Psychology Today*, March 17, 2012, last updated September 6, 2017, https://www.psychologytoday.com/blog/hide-and-seek/201203/dissociative-fugue-the-mystery-agatha-christie.
4. Steve Bressert, "Dissociate Fugue Symptoms," *PsychCentral*, last updated August 24, 2017, https://psychcentral.com/disorders/dissociative-fugue-symptoms/.
5. Brody, "When a Brain Forgets Where Memory Is."

6. Kelley Dixon and Vince Gilligan, "Episode 509," *Breaking Bad Insider Podcast*, AMC, August 12, 2013, https://www.stitcher.com/podcast/breaking-bad-insider-podcast/e/38708305.

7. Kelley Dixon and Vince Gilligan, "Episode 402," *Breaking Bad Insider Podcast*, AMC, July 26, 2011, https://www.stitcher.com/podcast/breaking-bad-insider-podcast/e/38708223.

8. Kevin Joy, "Panic Attack vs. Anxiety Attack: 6 Things to Know," *Michigan Health*, January 11, 2017, http://healthblog.uofmhealth.org/wellness-prevention/panic-attack-vs-anxiety-attack-6-things-to-know.

9. Cathy Frank, "What Is the Difference Between a Panic Attack and an Anxiety Attack?," *ABC News*, April 15, 2008, http://abcnews.go.com/Health/AnxietyOverview/story?id=4659738.

10. "What Is Anxiety?," Anxiety BC, accessed November 9, 2018, https://www.anxietybc.com/sites/default/files/What_is_Anxiety.pdf.

11. "Understand the Facts: Panic Disorder," Anxiety and Depression Association of America, accessed October 28, 2018, https://adaa.org/understanding-anxiety/panic-disorder-agoraphobia.

12. "Post-Traumatic Stress Disorder (PTSD)," Mayo Clinic, July 6, 2018, http://www.mayoclinic.org/diseases-conditions/post-traumatic-stress-disorder/diagnosis-treatment/diagnosis/dxc-20308556.

13. 同上。

14. Adam C. Adler, "General Anesthesia," Medscape, last updated June 7, 2018, http://emedicine.medscape.com/article/1271543-overview.

15. George Bimmerle, "'Truth' Drugs in Interrogation," CIA, September 22, 1993, https://www.cia.gov/library/center-for-the-study-of-intelligence/kent-csi/vol5no2/html/v05i2a09p_0001.htm.

第十二章

1. George Rush, "It's Not an Act—I Really Do Have Cerebral Palsy, Says Young Star of *Breaking Bad* ... ," *Daily Mail*, July 6, 2013, http://www.dailymail.co.uk/health/article-2357324/Its-act--I-really-cerebral-palsy-says-young-star-Breaking-Bad--unlike-character-R-J-Mitte-cope-crutches-disability-growing-army-female-fans.html.
2. Ivan Blumenthal, "Cerebral Palsy—Medicolegal Aspects," *Journal of the Royal Society of Medicine* 94, no. 12 (December 2001): 624–627, https://www.ncbi.nlm.nih.gov/pmc/articles/PMC1282294/.
3. "What Is Cerebral Palsy?," Cerebral Palsy Alliance Research Foundation, October 28, 2018, https://www.cerebralpalsy.org.au/what-is-cerebral-palsy/.
4. 同上。
5. 同上。
6. 同上。
7. Kelley Dixon and Vince Gilligan, "Episode 11," *Breaking Bad Insider Podcast*, AMC, May 18, 2009, https://www.stitcher.com/podcast/breaking-bad-insider-podcast/e/38708152.
8. "RJ Mitte, New UCP Celebrity Ambassador," United Cerebral Palsy of the North Bay, accessed October 28, 2018, http://ucpnb.org/ucp-national-conference-awards/2011-ucp-national-conference/young-benefactors-and-rj-mitte/.
9. "RJ Mitte," Keppler Speakers, accessed October 28, 2018, https://www.kepplerspeakers.com/speakers/rj-mitte/speech-topics.
10. "Huntington's Disease Information Page," National Institute of Neurological Disorders and Stroke, last updated June 15, 2018, https://www.ninds.nih.gov/Disorders/All-Disorders/Huntingtons-Disease-Information-Page/.
11. "About Huntington's Disease and Related Disorders," Psychiatry and

Behavioral Sciences, Huntington's Disease Center, Johns Hopkins Medicine, accessed October 28, 2018, http://www.hopkinsmedicine.org/psychiatry/specialty_areas/huntingtons_disease/patient_family_resources/education_whatis.html.

12. Kelley Dixon and Vince Gilligan, "Episode 410," *Breaking Bad Insider Podcast*, AMC, September 20, 2011, https://www.stitcher.com/podcast/breaking-bad-insider-podcast/e/38708261.
13. Lacie Glover, "How Much Does It Cost to Have a Baby?," *NerdWallet*, February 27, 2017, https://www.nerdwallet.com/blog/health/medical-costs/how-much-does-it-cost-to-have-a-baby/.
14. "Low Amniotic Fluid Levels: Oligohydramnios: Causes, Risks and Treatment," American Pregnancy Association, last updated May 26, 2017, http://americanpregnancy.org/pregnancy-complications/oligohydramnios/.
15. "Smoking During Pregnancy," Centers for Disease Control and Prevention, last updated February 6, 2018, https://www.cdc.gov/tobacco/basic_information/health_effects/pregnancy/index.htm.

第十三章

1. World Health Organization, "Noncommunicable Diseases—Cancer," in *Health in 2015: From MGDs to SDGs* (Geneva, Switzerland: WHO Press, 2015), 142–143, http://www.who.int/gho/publications/mdgs-sdgs/MDGs-SDGs2015_chapter6_snapshot_cancer.pdf.
2. "What Is Small Cell Lung Cancer?," American Cancer Society, last updated May 16, 2016, https://www.cancer.org/cancer/small-cell-lung-cancer/about/what-is-small-cell-lung-cancer.html.
3. "Lung Cancer Stages," Cancer Treatment Centers of America, last updated February 22, 2017, http://www.cancercenter.com/lung-cancer/stages/tab/

non-small-cell-lung-cancer-stage-3.

4. "What Is Non-Small Cell Lung Cancer?," American Cancer Society, last updated May 16, 2016, https://www.cancer.org/cancer/non-small-cell-lung-cancer/about/what-is-non-small-cell-lung-cancer.html.
5. "Non-Small Cell Lung Cancer Risk Factors," American Cancer Society, last updated May 16, 2016, https://www.cancer.org/cancer/non-small-cell-lung-cancer/causes-risks-prevention/risk-factors.html.
6. "Lung Cancer Symptoms: What You Should Know," Cancer Treatment Centers of America, last updated October 8, 2018, http://www.cancercenter.com/lung-cancer/symptoms/.
7. 同上。
8. 同上。
9. Kelley Dixon and Vince Gilligan, "Episode 511," *Breaking Bad Insider Podcast*, AMC, August 26, 2013, https://www.stitcher.com/podcast/breaking-bad-insider-podcast/e/38708314.
10. Kelley Dixon and Vince Gilligan, "Episode 509," *Breaking Bad Insider Podcast*, AMC, August 12, 2013, https://www.stitcher.com/podcast/breaking-bad-insider-podcast/e/38708305.
11. Kelley Dixon and Vince Gilligan, "Episode 304," *Breaking Bad Insider Podcast*, AMC, April 13, 2010, https://www.stitcher.com/podcast/breaking-bad-insider-podcast/e/38708175.
12. "Who Are Radiologic Technologists?," American Society of Radiologic Technologists, accessed October 28, 2018, https://www.asrt.org/main/careers/careers-in-radiologic-technology/who-are-radiologic-technologists.
13. *The Nobel Prize in Chemistry 1985*, NobelPrize.org, Nobel Media AB 2018, accessed October 29, 2018, http://www.nobelprize.org/nobel_prizes/chemistry/laureates/1985/.

第十四章

1. "Highest-Rated TV Series (Ever)," *Guinness World Records*, July 15, 2012, http://www.guinnessworldrecords.com/world-records/107604-highest-rated-tv-series-ever.
2. Thomas C. Arnold, "Shellfish Toxicity Treatment & Management," Medscape, December 28, 2015, http://emedicine.medscape.com/article/818505-treatment.
3. "Canadian Poisonous Plants Information System: Lily-of-the-Valley (Common Name)," Canadian Biodiversity Information Facility, last updated June 5, 2013, http://www.cbif.gc.ca/eng/species-bank/canadian-poisonous-plants-information-system/all-plants-common-name/lily-of-the-valley/?id=1370403267143.
4. Fredericka Brown and Kenneth R. Diller, "Calculating the Optimum Temperature for Serving Hot Beverages," *Burns* 34, no. 5 (August 2008): 648–654, https://www.burnsjournal.com/article/S0305-4179(07)00255-0/fulltext.
5. Jennifer Lai, "Poisoning for Dummies: How Much Skill Does It Take to Brew Up a Batch of Ricin?" *Slate*, April 18, 2013, https://slate.com/news-and-politics/2013/04/how-to-make-ricin-you-dont-have-to-be-a-skilled-terrorist.html.
6. "Ricin," *Breaking Bad Wiki*, accessed October 28, 2018, http://breakingbad.wikia.com/wiki/Ricin.
7. "Ricin Toxin from *Ricinus communis* (Castor Beans)," Emergency Preparedness and Response, Centers for Disease Control and Prevention, last updated November 18, 2015, https://emergency.cdc.gov/agent/ricin/facts.asp.
8. 同上。

9. Kelley Dixon and Vince Gilligan, "Episode 410," *Breaking Bad Insider Podcast*, AMC, September 20, 2011, https://www.stitcher.com/podcast/breaking-bad-insider-podcast/e/38708261.
10. 同上。

第十五章

1. Sara B. Taylor, Candace R. Lewis, and M. Foster Olive, "The Neurocircuitry of Illicit Psychostimulant Addiction: Acute and Chronic Effects in Humans," *Substance Abuse and Rehabilitation* 4 (February 2013): 29–43, https://www.ncbi.nlm.nih.gov/pmc/articles/PMC3931688/.
2. "Methamphetamine," last updated August 10, 2017, https://www.drugs.com/methamphetamine.html.
3. Steven J. Shoptaw, Uyen Kao, and Walter Ling, "Treatment for Amphetamine Psychosis," Cochrane Systematic Review, January 21, 2009, https://www.cochranelibrary.com/cdsr/doi/10.1002/14651858.CD003026.pub3/abstract.
4. "Methamphetamine," last updated August 10, 2017, https://www.drugs.com/methamphetamine.html.
5. Christ Roberts, "Video: Meet the 'San Francisco Meth Zombies,'" NBC, September 5, 2013, https://www.nbcbayarea.com/news/local/Meet-The-San-Francisco-Meth-Zombies-222592881.html.
6. "Crystal Meth: Some Hard Facts about a Hard Drug," Klean Treatment Centers, October 28, 2018, https://kleantreatmentcenters.com/addiction-info/crystal-meth/.
7. Ingrid A. Binswanger, Carolyn Nowels, Karen F. Corsi, Jason Glanz, Jeremy Long, Robert E. Booth, and John F. Steiner, "Return to Drug Use and Overdose after Release from Prison: A Qualitative Study of Risk and

Protective Factors," *Addiction Science & Clinical Practice* 7, no. 1 (March 2012): 3, https://www.ncbi.nlm.nih.gov/pmc/articles/PMC3414824/.

8. Kelley Dixon and Vince Gilligan, "Episode 12," *Breaking Bad Insider Podcast*, AMC, May 25, 2009, https://www.stitcher.com/podcast/breaking-bad-insider-podcast/e/38708153.

第十六章

1. *Compilation of EPA Mixing Zone Documents*, United States Environmental Protection Agency, July 2006, https://nepis.epa.gov/Exe/ZyNET.exe/P1004SMI.TXT?ZyActionD=ZyDocument&Client=EPA&Index=2006+Thru+2010&Docs=&Query=&Time=&EndTime=&SearchMethod=1&TocRestrict=n&Toc=&TocEntry=&QField=&QFieldYear=&QFieldMonth=&QFieldDay=&IntQFieldOp=0&ExtQFieldOp=0&XmlQuery=&File=D%3A%5Czyfiles%5CIndex%20Data%5C06thru10%5CTxt%5C00000009%5CP1004SMI.txt&User=ANONYMOUS&Password=anonymous&SortMethod=h%7C-&MaximumDocuments=1&FuzzyDegree=0&ImageQuality=r75g8/r75g8/x150y150g16/i425&Display=hpfr&DefSeekPage=x&SearchBack=ZyActionL&Back=ZyActionS&BackDesc=Results%20page&MaximumPages=1&ZyEntry=1&SeekPage=x&ZyPURL.
2. Kelley Dixon and Vince Gilligan, "Episode 505," *Breaking Bad Insider Podcast*, AMC, August 14, 2012, https://www.stitcher.com/podcast/breaking-bad-insider-podcast/e/38708291.

第十七章

1. Tim Åström and Nargiza Sadyrova, *Data Analysis: Evaluation of an Analytical Procedure*, Stockholm University, September 17, 2017, https://

www.researchgate.net/profile/Tim_Astroem2/publication/320189602_Data_analysis_-_Evaluation_of_an_analytic_procedure/links/59d3c0214585150177f96a7f/Data-analysis-Evaluation-of-an-analytic-procedure.

2. "Research Gas Chromatograph Series 580," Gow-Mac, accessed October 28, 2018, http://www.gow-mac.com/products/research-gas-chromatograph.

3. Michael DeGeorge, Jr., and John Weber, "Methamphetamine Urine Toxicology: An In-Depth Review," *Practical Pain Management* 12, no. 10, last updated November 30, 2012, https://www.practicalpainmanagement.com/treatments/pharmacological/non-opioids/methamphetamine-urine-toxicology-depth-review/.

4. "The Science of *Breaking Bad*: Box Cutter," *Weak Interactions*, July 20, 2011, https://weakinteractions.wordpress.com/2011/07/20/the-science-of-breaking-bad-box-cutter//.

5. C. Graham Brittain, *Using Melting Point to Determine Purity of Crystalline Solids*, University of Rhode Island Department of Chemistry, May 18, 2009, https://www.chm.uri.edu/mmcgregor/chm228/use_of_melting_point_apparatus.pdf.

6. Ian Moore, Takeo Sakuma, Michael J. Herrera, and David Kuntz, *LC-MS/MS Chiral Separation of* 'd' *and* 'l' *Enantiomers of Amphetamine and Methamphetamine: Enantiomeric Separation*, AB SCIEX, 2013, https://sciex.com/Documents/Applications/RUO-MKT-02-0403_Amphetamine_chiral_final.pdf.

7. Andrea Sella, "Classic Kit: Kjeldahl Flask," *Chemistry World*, April 28, 2008, https://www.chemistryworld.com/opinion/classic-kit-kjeldahl-flask/3004923.article.

8. Andrea Sella, "Classic Kit: Allihn Condenser," *Chemistry World*, April 28, 2010, https://www.chemistryworld.com/opinion/classic-kit-allihn-condenser/3004899.article.

第十八章

1. “Timeline” of history and spread of meth, *PBS Frontline*, accessed October 28, 2018, http://www.pbs.org/wgbh/pages/frontline/meth/etc/cron.html.
2. Kelley Dixon and Vince Gilligan, “Episode 7,” *Breaking Bad Insider Podcast*, AMC, April 20, 2009, https://www.stitcher.com/podcast/breaking-bad-insider-podcast/e/38708135.
3. Kelley Dixon and Vince Gilligan, “Episode 6,” *Breaking Bad Insider Podcast*, AMC, April 15, 2009, https://www.stitcher.com/podcast/breaking-bad-insider-podcast/e/38708128.
4. “Breaking Bad Candy (100g Pack),” The Candy Lady of Old Town, Albuquerque, NM, August 21, 2016, https://www.thecandylady.com/product/breaking-bad-candy-100g-pack/.
5. Dixon and Gilligan, “Episode 7.”
6. Jason Wallach, “A Comprehensive Guide to Cooking Meth on ‘Breaking Bad,’” *Vice*, August 11, 2013, https://www.vice.com/en_us/article/exmg5n/a-comprehensive-guide-to-cooking-meth-on-breaking-bad.
7. Benjamin Breen, “Meiji Meth: The Deep History of Illicit Drugs,” *The Appendix*, August 23, 2013, http://theappendix.net/posts/2013/08/how-drugs-get-discovered.
8. U.S. Department of Justice, *Information Brief: Iodine in Methamphetamine Production*, National Drug Intelligence Center, July 2002, https://www.justice.gov/archive/ndic/pubs1/1467/1467p.pdf.
9. Kelley Dixon and Vince Gilligan, “Episode 9,” *Breaking Bad Insider Podcast*, AMC, May4, 2009, https://www.stitcher.com/podcast/breaking-bad-insider-podcast/e/38708144.
10. John W. Mitchell, Kathryn S. Hayes, and Eugene G. Lutz, “Kinetic Study of Methylamine Reforming over a Silica-Alumina Catalyst,” *Industrial*

& Engineering Chemistry Research 33, no. 2 (February 1994): 181–184, http://pubs.acs.org/doi/abs/10.1021/ie00026a001.

11. "Sketch of Charles Adolphe Wurtz," *Popular Science Monthly* 22 (November 1882), last updated October 2, 2018, https://en.wikisource.org/wiki/Popular_Science_Monthly/Volume_22/November_1882/Sketch_of_Charles_Adolphe_Wurtz; Alan J. Rocke, *The Quiet Revolution: Hermann Kolbe and the Science of Organic Chemistry* (Berkeley: University of California Press, 1993), http://publishing.cdlib.org/ucpressebooks/view?docId=ft5g500723&chunk.id=d0e2385&toc.id=d0e2146&brand=ucpress.
12. Kelley Dixon and Vince Gilligan, "Episode 305," *Breaking Bad Insider Podcast*, AMC, April 20, 2010, https://www.stitcher.com/podcast/breaking-bad-insider-podcast/e/38708181.
13. 同上。
14. Kelley Dixon and Vince Gilligan, "Episode 405," *Breaking Bad Insider Podcast*, AMC, August 16, 2011, https://www.stitcher.com/podcast/breaking-bad-insider-podcast/e/38708240.
15. Kelley Dixon and Vince Gilligan, "Episode 501," *Breaking Bad Insider Podcast*, AMC, July 17, 2012, https://www.stitcher.com/podcast/breaking-bad-insider-podcast/e/38708278.
16. A. Allen and R. Ely, *Review: Synthetic Methods for Amphetamine*, Array BioPharma Inc., accessed October 29, 2018, http://www.nwafs.org/newsletters/Synthetic Amphetamine.pdf.
17. Kelley Dixon and Vince Gilligan, "Episode 503," *Breaking Bad Insider Podcast*, AMC, July 31, 2012, https://www.stitcher.com/podcast/breaking-bad-insider-podcast/e/38708283.
18. Lucy Harvey, "How Crystal Meth Made It into the Smithsonian (Along with Walter White's Porkpie Hat)," *Smithsonian*, November 12, 2015,

http://www.smithsonianmag.com/smithsonian-institution/how-crystal-meth-smithsonian-walter-whites-porkpie-hat-180957258/.

19. Dixon and Gilligan, "Episode 503."
20. 同上。
21. 同上。
22. Wallach, "A Comprehensive Guide to Cooking Meth on 'Breaking Bad.'"
23. Kelley Dixon and Vince Gilligan, "Episode 510," *Breaking Bad Insider Podcast*, AMC, August 19, 2013, https://www.stitcher.com/podcast/breaking-bad-insider-podcast/e/38708309.

第十九章

1. Kirsten Acuna, "Watch Aaron Paul and Bryan Cranston Read the 'Breaking Bad' Finale Script and Agree It's Perfect," *Business Insider*, November 25, 2013, http://www.businessinsider.com/aaron-paul-bryan-cranston-read-breaking-bad-finale-2013-11.
2. Kelley Dixon and Vince Gilligan, "Episode 516," *Breaking Bad Insider Podcast*, AMC, September 30, 2013, https://www.stitcher.com/podcast/breaking-bad-insider-podcast/e/20301/38708328.
3. Discovery, "Breaking Bad Finale Breakdown | MythBusters," YouTube, August 25, 2015, https://youtu.be/06t_KP7y8Ao.

索　引

《化学与工程新闻》6–7, 12, 41, 101
《〈绝命毒师〉内幕》播客 95, 110, 149, 180, 194, 240
铵阳离子 110
蓖麻毒素 11, 182, 184–187, 191–193
丙酮 54, 231, 241, 243–245, 249, 251
创伤后应激障碍（PTSD）140–141, 148–150, 153–155, 278
催化剂床 244, 249, 253
催化加氢 253–254
电负性 58–59, 132–134, 278
对映体 221, 226–227, 236, 249, 255, 278, 279
蛤蚌毒素 188–189
还原胺化 241, 243, 254–256, 258
甲胺 iii, 53, 65–67, 79–81, 119–120, 185, 207, 209, 210–216, 241–243, 245, 255, 257–258, 260, 263
甲基苯丙胺 1, 2, 12, 23, 54, 79, 82, 99, 170, 198, 200, 203, 221–222, 224–226, 231–232, 234–238, 240, 243, 246, 249, 254–255, 264–265, 267, 272, 279
焦虑发作 150–151, 154
解离性神游 145–147
惊恐发作 90, 141, 144, 148–152, 279, 302
立体异构体 254–255
铝热剂 66–67, 99, 120–126, 241
美国化学学会（ACS）1, 6, 12, 41–42, 128, 182
泡利不相容原理 34, 71
普朗克常数 36–37, 279
氢氟酸（HF）99, 128, 130–137, 139
色谱法 221–223, 263
神游状态 140–141, 144–147, 171, 180
生物发光 39
手性 13–14, 80, 221, 227, 236, 254–256, 280

酸强度 47, 133-134
同步加速器 16, 17
同分异构体 14, 280
伪麻黄碱 211, 219, 232, 236-238, 240-242, 255-256
硝酸铵 110-111, 113
硝酸钍 242, 244
盐桥 58-59, 61, 280
蒸汽压 86, 280

图书在版编目（CIP）数据

《绝命毒师》中的科学 /（美）戴夫 · 特朗伯（Dave Trumbore），（美）唐娜 · J. 纳尔逊（Donna J. Nelson）著；单雯，柯遵科译. —北京：商务印书馆，2023
ISBN 978-7-100-22777-3

Ⅰ. ①绝… Ⅱ. ①戴… ②唐… ③单… ④柯… Ⅲ. ①科学知识—普及读物 Ⅳ. ① N49

中国国家版本馆 CIP 数据核字（2023）第 142409 号

《绝命毒师》中的科学

The Science of *Breaking Bad*

〔美〕戴夫 · 特朗伯（Dave Trumbore）著
〔美〕唐娜 · J. 纳尔逊（Donna J. Nelson）著
单 雯 柯遵科 译

商 务 印 书 馆 出 版
（北京王府井大街 36 号 邮政编码 100710）
商 务 印 书 馆 发 行
北京市白帆印务有限公司印刷
ISBN 978 - 7 - 100 - 22777 - 3

2023 年 10 月第 1 版 开本 880 × 1240 1/32
2023 年 10 月北京第 1 次印刷 印张 9⅞

定价：58.00 元